14

联合国粮食与农业组织动物生产健康司

准则

动物遗传资源
的活体保护

联合国粮食与农业组织
罗马，2013

U0307460

中国农业出版社

翻译：刘晓辉　毕颖慧　李大林

审校：刘晓辉

本出版物中使用的名称和出现的材料，并不意味着联合国粮食与农业组织（简称粮农组织）对任何国家的法律或发展状况、领土、城市、区域范围或官方地位，或对其边界或国界的划分表示任何意见。虽然本书提到了一些具体的公司或生产商的产品（无论这些产品是否已经获得专利），但并不意味着联合国粮农组织为其代言并优于本书中未提到的其他类似公司或产品的推荐。

本出版物中所表达的观点为作者本身的观点，不代表联合国粮农组织的观点或政策。

ISBN 978 - 92 - 5 - 107725 - 2（print）

E-ISBN 978 - 92 - 5 - 107726 - 9（PDF）

© FAO 2013

粮农组织鼓励使用、复制和传播本出版物中的材料。除特殊标明，本材料可以经复印、下载或印刷用于个人学习、研究和教学，或可用于非商业产品及服务，但要注明来源，以及版权为联合国粮农组织所有，并要表达出联合国粮农组织并非赞成用户的观点和为其产品或服务代言。

所有有关翻译或改编权、销售或其他商业使用权均应通过 www. fao. org/contact-us/申请许可或致函 copyright@fao. org。

粮农组织已在（www. fao. org/publications）提供信息产品并可通过 publi-cations-sales@fao. org 进行购买。

目　录

插文

表格

前　言

　　本书介绍了用于食品和农业研发和实施动物遗传资源活体保护计划的基础概念。目的是提供给从事动物遗传资源管理的决策者、动物育种组织管理人员、负责动物遗传资源管理的培训人员，以及涉及的动物遗传资源活体保护设计和实施起到主导作用的任何其他利益相关方等人员所使用。由于本书并非只针对个体的育种和畜牧养殖人员，所以凡参与动物保护项目计划制订的相关利益方都可以在本书中找到所需的背景信息。

　　世界牲畜物种的遗传多样性正处于持续衰减状态，遗存下来的动物遗传资源常常没有得到有效的利用。为使这个问题得到关注，粮农组织动物遗传资源委员会协商出台了《动物遗传资源全球行动计划》（以下简称《全球行动计划》）[①]。这个全球行动计划首先在 2007 年 9 月份在瑞士因特拉肯召开的粮农组织动物遗传资源委员会国际技术大会上获得了通过，之后又在 2007 年 11 月举行的第 34 届粮农组织大会上得到了所有成员的一致赞同。全球活动计划的实施将有助于千年发展目标的实现，特别是目标 1：消除极端贫穷和饥饿，目标 7：保证环境可持续性。

　　全球行动计划分为 4 个战略优先领域，内含 23 个战略重点：

　　1. 特性鉴定、建立清单和趋势及风险监测；

　　2. 可持续的利用和开发；

　　3. 保护；

　　4. 政策、机构及能力建设。

　　实施全球行动计划的主要职责在于国家政府，同时也希望非政府机

---

　　① FAO. 2007. *Plan of Action for Animal Genetic Resources and the Interlaken Declaration*. Rome (available at ftp：//ftp. fao. org/docrep/fao/010/a1404e/a1404e00. pdf).

构和政府间国际组织发挥重要作用。

　　粮农组织对全球行动计划的实施提供的支持包括撰写解决动物遗传资源管理中具体问题的系列技术指南。为解决《全球行动计划》中的战略优先重点领域，粮农组织已委托科学家小组研究制订活体动物保护的指南。在《动物遗传资源低温保存》指南中也提到了研究优先战略的领域。本书已经在 2011 年获得粮农组织动物遗传资源委员会的批准。

致　谢

在撰写这些准则的过程中咨询了从事动物遗传资源活体保护的众多专家。写作组主要作者为：Jesús Fernandez Martin（西班牙）；Gustavo Gandini（意大利）；Balwinder Kumar Joshi（印度）；Kor Oldenbroek（荷兰）；以及 Phillip Sponenberg（美国）。

下列人员慷慨地提供了书中的插文，这些插文非常详细地描写和介绍了活体保护工作中的真实事例。他们是：Lawrence Alderson（英国）；Elli Broxham（德国）；Coralie Danchin-Burge（法国）；Sabyasachi Das（印度）；Kennedy Dzama（南非）；Ignacio García León（智利）；Gustavo Gutierrez（秘鲁）；Sergej Ivanov（塞尔维亚）；Arthur Mariante（巴西）；German Martinez Correal（哥伦比亚）；Carlos Mezzadra（阿根廷）；Joaquin Mueller（阿根廷）；Keith Ramsay（南非）；José Luis Riverso（智利）；Devinder K. Sadana（印度）；Alessandra Stella（意大利）；Jacob Wanyama（肯尼亚）；Kerstin Zander（澳大利亚）和 Pascalle Renee Ziomi Smith（智利）。

在各种全球专家会议和区域培训研讨班上，对本书进行了检查、修订、确认并最终定稿。第一次是在 2010 年 10 月由印度国家动物遗传资源局举办的亚洲地区国家会议上的研讨。2010 年 12 月，在由粮农组织、国际动物研究所（ILRI）和加强非洲东部及中部农业研究协会（ASARECA）共同举办的研讨班上介绍了本书并提出对其进行修改，该研讨会在位于埃塞俄比亚的国际动物研究所内召开。2011 年 7 月，在以东欧国家为培训对象的培训班上对本书进行了测验和修订。这个培训班由瓦赫宁根大学和荷兰遗传资源中心联合举办，也得到了欧洲动物遗传资源区域中心组和荷兰经济事务、农业和创新部的支持。2011 年 11 月，在由粮农组织、国际动物研究所和瑞士农业大学共同举办的培训研讨班上介绍了本书，在该研讨班上，向来自非洲专家小组征求了修订的意见。2011 年，在智利圣地亚哥召开的会议上，来自拉丁美洲的专家小组对本书进行了审阅。在吸收了各类专家会议和能力建设培训班提出的建议后，与全球的读者一起对本书进行了最后的修订。2011 年 1—3 月，使用家畜多样性网络（DAD-Net）召开了有关本书的电子会议。在此次会议上，以一周的时间对每一部分进行了修订。

120 多位科学家、技术人员和决策人员都参加了一个或多个研讨会或专家会议。电子会议通过 DAD-Net 系统为 1 600 多个网络用户提供了准则的初稿。下列人员参与了准测的审校工作：W. Akin Hassan（尼日利亚）；Harvey Blackburn（美国）；Salah Galal（埃及）；Rafael González Cano（西班牙）；Carol Halberstadt（美国）；Christian Keambou Tiambo（肯尼亚）；Ilse Köhler-Rollefson（德国）；Hans Lenstra（荷兰）；Bill Lyons（英国）；Catherine Marguerat（瑞士）；Tadele Mirkena（埃塞俄比亚）；Siboniso Moyo（莫桑比克）；Hassan Ally Mruttu（印度）；K. Edouard N′Goran（科特迪瓦）；Chanda Nimbkar（印度）；Zabron Nziku（坦桑尼亚联合共和国）；Richard Osei-Amponsah（加纳）；Baisti Podisi（博兹瓦纳）；Abdul Raziq（巴基斯坦）；Violeta Razmaité（立陶宛）；David Steane（泰国）；Sonam Tamang（不丹）和 Le Thi Thuy（越南）。

本书是在 Paul Boettcher 先生指导下完成的，粮农组织动物遗传分会主任 Irene Hoffmann，动物遗传分会工作人员 Badi Besbes，Beate Scherf，Roswitha Baumung 和 Dafydd Pilling 给予了全力支持。Kafia Fassi-Fihri 提供了行政和秘书支持服务。

粮农组织向所有的个人以及本书中未提到的人员表示感谢，他们在本书的撰写和修订中无私地贡献了时间、精力和专业知识。

缩写与缩略词

AI	人工授精
BCP	生物文化社区协议
DAD-IS	家畜多样性信息系统（http://fao.org/dad-is）
DNA	脱氧核糖核酸
ΔF	每个世代近亲变化比例
f	共祖率
MOET	超数排卵和胚胎移植
N_e	有效群体大小
NGO	非政府组织
SNP	核苷酸多态性
SWOT	态势分析法，优势、劣势、机遇与风险

专业术语词汇^②

等位基因： 在特定的*基因座*上的可以复制的脱氧核糖核酸。在基因座上的等位基因序列是分子*遗传多样性*指标的基础。

处于危险中的品种： 具有种群数量特征（主要为种群普查规模）的*品种*显示，如果不采取保护措施，今后将不会继续存在的品种。

生物文化社区协议： 为概述社区的核心文化和精神价值以及与其传统知识和资源相关的习惯法，在经过与社区成员咨询和协商后形成的书面文件（自然公正杂志，2009）。

瓶颈： 在一定的时期内，某一个特定种群（如牲畜品种）减至非常少的数量，致使很多的*等位基因*消失，因此导致大量*遗传多样性*消失。

品种： 是指一个具有可定义和可辨别的，并且通过视觉观察能与物种内其他类似种群的外部特征进行区分的驯养家畜亚种群，或者由于与表型相似种群的地理和（或）文化隔离，已经形成其独立特性的种群。准则中指的是，品种是经历同样时间的家畜中的亚种群，这些家畜从遗传管理角度上也受到了同样的重视。

品种标准： 通过对*标准化的品种*开展繁育项目，并培育出"理想"动物的特性文字说明。

携带者： 具有*杂合的*有害*隐性*性状的*基因座*上的动物。虽然动物表面上正常，但可以将有缺陷的等位基因遗传给其后代，如果它们从父母亲那里遗传到有缺陷的等位基因，就会表现出负效应。

统计数量大小：（或简单称"群体大小"）指在特定的时间内，群体中的活体动物。统计数量大小通常要比*有效群体*大小要大，这体现着动物间遗传关系的程度。

选择模型法： 一种统计手段，包括关于利益相关方从众多选项中选择的数据收集，其次是对分析影响因素的选择。选择模型法可以在*品种*保护的优先排序时，用于建立众多因素中的相对权重。

循环交配： 一个遗传多样性管理的设计，第一个家族中的公畜与第二个家族中的母畜进行交配，第二个家族中的公畜与第三个家族中母畜进行交配，以此类推，最后一个家族中的公畜与第一个家族中的母畜交配后，至此完成循环。这种设计方式保证了不在本家族内进行交配。同样，从群体水平管理来说，畜群或村庄可以取代家族——一般被称为*轮回杂交*。

---

② 在每个词汇定义内，所列举出的其他术语均用斜体表示。

共祖率（系数）：（缩写为 f，也被称为**亲缘关系**或**共祖系数**）从两个个体（在同样的基因座上）随机选择的**等位基因**与共同祖先相继承的等同的概率。

复合品种：通过系统彼此之间杂交的动物产生的跨越两个或更多品种的新品种。总体上讲，在获得了所期望的品种比例后，至少需要通过三代间的彼此杂交形成的品种。

低温保存：通过低温存贮**品种**的遗传材料（通常为精液、胚胎或体细胞）的活体保存，但处于非生长的状态下。如果今后需要，就可以重建活体动物群体。

ΔF：在一代的群体中按比例变化的平均近亲值。**有效群体大小**（N_e）可以估测为 $N_e = 1/2\Delta F$。

生态系统服务：从生态系统服务中带给人类的益处。这些益处包括供给服务，如食物、水、木材和纤维；监管服务包括影响气候、水灾、疾病、污染以及水的质量等因素；文化服务包括休闲、美学和精神利益；支撑服务包括土壤形成、光合作用及营养循环（千年生态系统评估，2005）[3]。

生态型：从基因方面适应当地环境的**品种**中的亚群。

有效种群大小：（缩写为 N_e）是假设的**理想种群**规模，从这个假设的理想种群中可以观测到某个特定种群的**遗传多样性**的生产值。N_e 等同于每代的种畜数量并小于实际种群统计。

异地活体保存：在非正常管理条件下（如动物园或国有农场中）或非原始生长环境中对活体动物种群的**品种**保护工作。在很多情况下，原地和异地活体保护没有明显的界线。所以，在论述保护目标和保护性质时要特别注意。

灭绝旋涡：由于某个**品种**的**有效种群规模**过小，近交衰退对繁殖和成活的有害作用阻止了种群的进一步繁育。处于这种状态下的品种需要遗传拯救。

析因交配：允许一头母畜一生中与多头公畜进行交配，目的是提高**遗传多样性**（参见层次交配）。

奠基者：为建立目前种群曾使用的群体中的一些动物。也可以这样认为，从较大的同样的动物群体中选择的一组动物进行选育，并通过多代杂种繁殖形成的目前**品种**。奠基者群的**遗传多样性**相比较规模较大的群体要低。奠基者群越小，多样性就会遗失的更多。

奠基者效应：**遗传漂变**的一种形式，从较大群体中只选择很少的基础群建立一个新的种群时，产生的遗传漂变。

世代间隔：（缩写为 L）某个种群后代群体之间的间隔。可以估算为父母亲与后代的平均年龄差的差别，并且雌性和雄性父母有着差别，世代间隔的增加可以增加**有效种群**的大小。

---

③ 千年生态系统评估，2005。生态系统和人类福祉：综合版。华盛顿特区，半岛出版社（http://millenniumassessment. org/en/index. aspx）.

遗传缺陷：由一个或几个基因效果决定的遗传不利条件。遗传缺陷继承通常是隐性的。由于有一个共同的祖先，有害*等位基因*通过血统而形成较大的纯合性，所以，在较小的有效群体规模中可以观察到。

遗传距离：以种群间等位基因频率为基础，衡量两个种群（或物种）间的遗传差异。

遗传多样性：生物体中遗传差异范围，这一差异范围通常在畜牧种群的物种或品种间进行评测。遗传多样性的估测标准包括物种间的品种数量或品种间的*杂合性*水平。

遗传漂变：（或简称"漂变"）由于随机抽样导致的*等位基因*频率的变化。遗传漂变在小群体内较大，通常*遗传多样性*是随着杂合性的下降而下降的。在极端情况下，会产生单一*同态位点*。

遗传标记：（或称分子标记）具有可观察到的变异（*多态性*）的 DNA 序列，该序列提供不能直接观察到的变异信息。

遗传拯救：采用有限的杂交育种，以拯救由于近交衰退的影响而处于*灭绝旋涡*的群体。

杂种优势：（或称 hybrid vigour）是通过杂交育种而使动物的生产性能提高（如体型、生产、健康等），由于杂合性的增加，生产性能一般要比父母代的平均水平要高。

杂合性：在给定的轨迹上有两个不同的*等位基因*的情况。杂合性通常是有益的，因为有利等位基因常常能够弥补同一轨迹上劣等或有害等位基因的影响。平均杂合度通常用于估测*遗传多样性*。

分层交配：一头母畜一生中多次与同一公畜进行交配（参见*析因交配*）。

纯合性：在特定的基因座上有两个相同的*等位基因*的情况。纯合性通常是无益的。

理想群体：具有同样数量的公畜和母畜的（假设）随机交配群体，生产相同数量的后代，也未受到外力，比如突变、迁徙以及选育而改变*遗传多样性*。理想群体形成了计算*有效群体大小*的理论性基础。

原地保护：通过畜牧养殖户持续不断地在生产系统中进行保护，并逐步形成或已经成为常见的*繁育品种*。成功的原地保护一般需要改变经济和市场环境，以达到某个品种从经济上可持续发展的目的。

活体保护：通过保存活体动物群体的品种保护。这项工作包括*原地*保护和异地*活体*保护。

近亲交配：近缘动物之间的交配。近亲交配因为增加了*纯合性*，一般是有害的。近亲交配在小群体中较为常见，这主要是由于原种数量减少导致大部分动物具有亲缘关系。

近亲系数：（缩写为 F）指个体某个基因座位上两个等位基因来自双亲共同祖

先的某个基因的概率。

近交衰退：受到*近亲交配*负面影响而产生的特定的表型性状的性能降低。

***彼此间*交配：**同一群体内动物间的交配，一般指杂交动物中的特定群体。

亲缘关系（系数）：见*共祖率*。

兰德瑞斯：（或兰德瑞斯品种）通过对其生长的自然环境和传统的生产方式不断适应而形成的*品种*。

连锁不平衡：在不同的*基因座*上由个体携带的两个等位基因之间的非随机的关联性。

当地品种：只在某一个国家拥有的*品种*。

适应当地环境的品种：在某个国家已存在相当长时间并已经从基因上适应该国一种或多种传统生产方式或环境。"相当长的时间"指的是已经在一种或多种传统生产方式或环境中存在的时间长度。考虑到文化、社会和遗传方面的因素，如相关物种已具有 40 年的时间并且已有六代，就可以被确定为"相当长时间"的标准值，但要根据各个国家的不同情况来定。

基因座：DNA（常常表示为基因）在染色体上所占的位置。

标记辅助选择：（写为 MAS）使用遗传标记以改进群体中选择响应。

配偶选择：一种管理种群遗传变异的方法。该方法不采用首先选择基因最多样化的父母，然后再确定交配方案，而是通过选择公畜/母畜组合以达到最大的遗传多样性。

最低共祖率贡献方法：这种方法是在选择种畜时要充分重视*遗传多样性*，特别要重视与整个群体关系不大的个体的遗传多样性。

单型基因座：种群中特定的*等位基因*上固定部位，所有动物都是*纯合*的，基因座上没有遗传多样性。

核心群（或种畜核心群）：受到严格管理的某个品种的亚群，在亚群中进行选育时，与群体中的其他动物相比较，选择*强度*是比较大的。

最佳贡献策略：一种*选择*的方法，即选择最好的一组父母以达到遗传进展的目的，同时保留遗传多样性。要同时考虑潜在父母的遗传值以及它们之间的关系。

随机交配群体：动物可以相互交配的群体。

多态性：基因组内特定的基因座上存在的复等位基因位点。

生产能力：动物或某个*品种*（平均数）生产的特定产出数量以及获得这些产出所需要的投入的表型性状。

隐性遗传：为了能够观测到其效应（通常为负效应），*等位基因*必须处于纯合状态。

模范育种者：具有丰富的传统养殖知识，不仅能够管理好牲畜，同时也能够高效地选育动物且获得所期望的遗传目标。这些育种人员通过与其他人共享知识，对于社区性的育种项目来说是非常宝贵的。

轮回交配系统：参见*循环交配*。

选择：在自然或人工育种的过程中，种群中所产生不同的成活（特别是后代的数量）概率，这种选择会减少*遗传多样性*，其原因是非选择的动物的基因不能遗传到后代。

选择强度：*选择*强度的标准估测法，相对于群体平均值，要采取优选父母的办法。选择强度随着亲本数量的减少而增加。

标准化的品种：严格按照遗传隔离和标准的人工选育程序培育的牲畜*品种*，目的是培育出特有的表型。

SWOT 分析法：（有关动物遗传资源管理）一种决策的工具，包括：以表格形式列出优势、劣势、机遇及风险，对某个品种进行说明，并使用其结果制订*品种*管理的策略。

跨境品种：不只在某一个国家存在的*品种*。区域性品种只存在于本区域内的国家，而国际跨境品种则存在于多个区域内。

截断选择：选择具有表型值或遗传值超过给定阈值的动物为亲本，并从每对父母中（尽可能的）获得相同数量的后代。参见*加权选择*。

保护单元：对独特的动物群体实施的保护项目。根据这些指导准则，某个特定国家的动物的*品种*为保护单元。

加权选择：选择具有表型值或遗传值超过特定阈值的动物为亲本，但只从优等动物中获得较多的后代。注重一些特定的亲本，以获得较大的选择反应（或与较大的*有效群体大小*相等反应），而不仅仅是*截断选择*，但是这样做的程序较为复杂且费用较高。

使用指南

前言

*活体*保护指通过保存活畜群体从而达到对某个品种的保护。它包括典型的生产系统内的品种的原地保护和受控于环境中的异地活体保护。原地保护是对种群活体保护的首选方法④。Oldenbroek（2007）写道："所有的保护目标都能够达到最好的效果（采用原地保护），而且提供多种用途的可能性。此外，一个品种的开发可以是持续的，而且有助于适应变化的环境。但是，在开展这些数量很小⑤的种群的育种工作时，我们必须要充分注意近交的风险（由于亲缘动物相互交配而产生的近交衰退，造成动物健康水平下降）和随机漂变（由于随机过程引起的低频率的等位基因消失）必须要引起充分的注意"。

*原地*和*异地*保护方法是互补的。如将两个方法结合在一起就可以制订出有影响力的保护战略。异地保护最常见的形式是活体低温保存配子或在基因库中保存胚胎。低温保存可以以异地活体保护为支撑。后一种方法是以较小的种群或在动物园中对小数量的活体动物进行保护。由于这些动物脱离了他们所熟悉的环境，所以对变化的环境的适应性受到了损伤。

指南的目标及结构

该指导准则的目标是为各种不同的保护方法提供技术指导并作为制订保护策略的决策依据。这些指南阐述了对于设计和建立以保护遗传多样性和促进可持续利用并为畜牧养殖户增加收入为目的的动物育种计划非常重要的理念。这本材料的初衷是涉及所有与农业和食品生产有关的牲畜品种。在个别地方针对某个特定物种也提供了指导。

该指导准则的目的是为希望建立、实施并监测活体保护项目的组织或个人提供技术背景要求，介绍了工作任务及应采取的步骤。重点强调了原地保护项目，因为原地保护项目与长期的活体保护目标具有紧密的联系。每个章节的顺序都是

---

④ FAO. 2007. *The State of the World's Animal Genetic Resources for Food and Agriculture*，edited by B. Rischkowsky & D. Pilling. Rome（available at http：//www. fao. org/docrep/010/a1250e/a1250e00. htm）.

⑤ Oldenbroek，K. 2007. Introduction. *In* K. Oldenbroek，ed. *Utilization and conservation of farm animal genetic resources*，pp. 13 - 27. Wageningen，the Netherlands，Wageningen Academic Publishers.

按照建立保护项目的时间顺序排列的，每个子章节都有固定的格式，包括理由、目标、所需的资料及预期的成果，然后是为达到期望的目的所需要的一系列的工作任务及步骤。有些情况下，工作任务和步骤或多或少也是按时间顺序排列的。而在其他情况下，工作任务和步骤可能会同时展开并可以根据实际情况采取其他方法开展工作。

大多数的国家都推选出了动物遗传资源委员会的国家协调员⑥人选，并且建立了国家动物遗传资源重点组⑦。很多国家还建立了涉及多个利益相关方的国家动物遗传资源委员会。虽然与畜牧养殖户有直接工作关系的各种不同组织将建立大批的活体保护项目，但是由于不是政府主导，国家协调员还需全程参加并全面了解建立保护项目的进程，还应定期征询国家咨询委员会的意见。如果还没有建立国家咨询委员会，最好是建立与动物遗传资源相关的利益相关方和专家的特别委员会，在整个进程中向他们征求意见。各利益相关方的群体都参与了动物遗传资源的保护工作，包括国家和地区政府、研究和教育机构（也包括大学）、非政府组织（NGOS）、育种协会、农场主和牧场主、业余爱好者及育种公司等⑧。

很多国家已经制订了动物遗传资源的国家策略和行动计划⑨，其目的是在国家层面配合实施动物遗传资源的全球行动计划或正在筹划这项策略的制订。已经制订了国家策略和行动计划的国家很可能从广义上讲已经完全认识到他们的保护需要和目标，并划分了制订和实施保护策略的职责。在这种情况下，国家策略及行动计划会形成一个总体架构，在这个架构内可以运用这些指南准则开展工作。那些还没有制订国家策略和行动计划的国家，很显然，应该协调推进制订动物遗传资源管理所有内容的更为广泛的策略以及制订更加详细的保护策略。同样，如果一个国家按照粮农组织《调查和监测动物遗传资源》指南准则⑩中的建议开展工作，就会首先考虑到编制保护策略所需要的资料及所需要的调研和监测的方案，从而避免所有工作从零开始。

---

⑥ http：//dad. fao. org/cgi-bin/EfabisWeb. cgi? sids=−1，contacts.

⑦ FAO. 2011. *Developing the institutional framework for the management of animal genetic resources.* FAO Animal Production and Health Guidelines. No. 6. Rome（available at http：//www. fao. org/docrep/014/ba0054e/ba0054e00. pdf）.

⑧ FAO. 2007. *The State of the World's Animal Genetic Resources for Food and Agriculture*，edited by B. Rischkowsky & D. Pilling. Rome（available at http：//www. fao. org/docrep/010/a1250e/a1250e00. htm）.

⑨ FAO. 2009. *Preparation of national strategies and action plans for animal genetic resources.* FAO Animal Production and Health Guidelines. No. 2. Rome（available at http：//www. fao. org/docrep/012/i0770e/i0770e00. htm）.

⑩ FAO. 2011. *Surveying and monitoring of animal genetic resources.* Animal Production and Health Guidelines No. 7. Rome（available at http：//www. fao. org/docrep/014/ba0055e/ba0055e00. htm）.

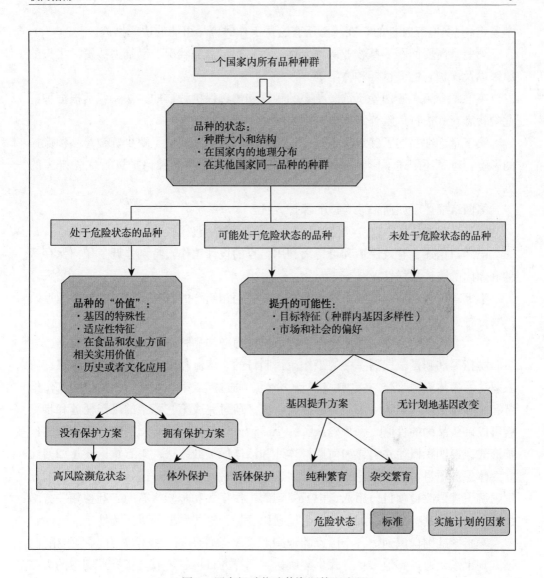

图 1　国家级动物遗传资源管理流程

备注：最初发表于 2007 年联合国粮农组织出版的《世界粮食与农业动物遗传资源状况》，由 B. Rischkowsky 和 D. Pilling. Rome 编辑（可在 http：//www.fao.org/docrep/010/a1250e/a1250e00.htm 查询）。

粮农组织制订的指导准则中的有关育种策略的工作[11]中表型鉴定[12]和分子遗传

⑪　FAO. 2010. *Breeding strategies for the sustainable management of animal genetic resources*. Animal Production and Health Guidelines. No. 3. Rome（available at http：//www.fao.org/docrep/014/ba0055e/ba0055e00.htm).

⑫　FAO. 2012. *Phenotypic characterization of animal genetic resources*. Animal Production and Health Guidelines. No. 11. Rome（available at http：//www.fao.org/docrep/015/i2686e/i2686e00.htm).

学鉴定[13]是具有互补性的,在从事所有这些工作时应尽可能的协调推进。

第一章简要回顾了畜牧业的重要性、动物遗传资源状况、动物遗传资源丢失的原因以及保护它们的目标和方案等。

第二章介绍了鉴别处于危险状态的种群和候选保护种群的方法,包括根据种群危险状态对其进行危险等级划分。

第三章详细描述了确定应受到保护品种的方法,并假设了缺少资金对品种保护的影响。本章还阐述了影响品种保护价值的因素以及对品种保护进行优先排序的方法。

第四章描述了如何采取合适的保护方法。

第五章描述了如何建立实施活体保护项目所需的机构。

第六章论述了有效保护和可持续利用项目的设计工作,特别强调了如何保存育种群体内的遗传多样性。

第七章概述了如何实施将保护和可持续利用相结合的育种项目,主要是通过改进目标种群的生产性能达到目的。

第八章概要地介绍了在活体保护项目中如何增加品种价值及其产品的机遇。

本指导准则是根据图1中的工作流程制订的,该流程最初已经在《世界粮食与农业动物遗传资源状况》一书中进行了介绍。通过完成第一章和第二章中的工作任务和步骤就可以认识到一个品种的危险状况。通过完成第三章中的工作任务和步骤就可以确认品种的价值。一旦确认了一个品种值得保护,就必须决定实施何种的保护形式。第四章概述并引导如何选择体外和活体保护的方法。第五章论述了如何建立活体保护项目,第六章论述了在开展这样的项目时如何管理遗传多样性。第七章则强调了遗传改良项目。第八章中所谈到的工作任务和步骤将有助于利益相关方增加某个种群或其产品的附加值,也会增强原地保护这些种群的可持续性。

本指导准则认识到,各个国家的地理和经济条件不同,技术能力也不尽相同。该准则也承认通过其他多种方式也能够达到同样的目标。所以,指导准则中的大多数章节论述了达到相关目标的几种不同的方法,包括在几乎所有的国家可以采用的简单和行之有效的策略。我们鼓励各国选择并采用适合当地情况而开展工作的方法。如果采用本书论述的较为复杂的方法,有些国家则需要外部的帮助和建议。

---

[13] FAO. 2011c. *Molecular genetic characterization of animal genetic resources*. Animal Production and Health Guidelines. No. 9. Rome(available at http://www.fao.org/docrep/014/i2413e/i2413e00.pdf).

第一章

动物遗传资源作用及保护方法

物种、品种及其功能

理由

人类只饲养了一小部分哺乳动物和禽类用于农业生产活动和食品生产。这些动物是经过了 12 000 年的长期驯化而形成的品种。在漫长的驯化过程中,通过正式或非正式的驯化过程,驯养的动物物种进化成多个亚组或者"品种"(插文1)。

插文 1
术语"Breed"释义

Woolliams 和 Toro(2007)在他们的研究文献中对"什么是品种?"的问题作出了回答,这个问题很容易陈述,但不容易给出答案。两位作者研究了大量的已发表的文献,作出了如下的定义,每种定义都关联着某个利益相关方。
- "通过选育和育种,相似的动物品种将其特征全部遗传到他们的后代。"
- "美国爱猫者协会认为,品种是一组家猫(亚种家猫)。某个品种必须具有自己的特性,以区别于其他品种。"
- "人种及各类人群或其他动物(或植物)从遗传上永远都会具有自己的特性和鲜明的特征。"
- "人种、物种和品系,均永远具有自己的遗传特性。"
- "品种是指一个具有可定义和可辨别的,并且通过视觉观察能与物种内其他类似种群进行外部特征区分的驯养家畜亚种群,或者由于与表型相似种群的地理和(或)文化隔离,已经形成独立特性的种群。"
- "品种实际是一组家养动物,其名称都是由育种者在达成共识后确定的,最初家畜的名称都是育种者为了方便自己使用而创建的动物名字,当时并没有考虑到要赋予其科学的定义,即使后来的名称与原有的名称具有较大的区别,也没有人认为育种者当初的名字是错误的。反而是育种者长期形成的名字应得到尊重,应被视为正确的定义。"
- "一个品种被人们称呼习惯了之后就成为了一个品种。"

第 5 个定义版本(FAO,1999,2007b)注解到,品种的概念包括应尊重的文化影响。在最终的两个定义中反映了这个观点。

随着动物群体从它们的驯养地(或由于人类的迁移、贸易或战争等原因)迁徙到其他地区,开始时可能群体较小。当这些动物处在一个新的环境,且由于遗传漂变和自然选育而产生了具有当地特性的新品种。这些当地的动物群体形成了具有当

地特性、更适应当地条件的亚种，同时，也具有育种者经过选育形成的特性。这些品种在培育过程中受到当地自然环境的影响巨大。例如，在特有的这块土地"land"上培育的，所以就称这个品种为"兰德瑞斯（landrace）"或称为兰德瑞斯品种（landrace breed）。其术语"生态型"常常是指某个品种的群体从基因角度上适应了某个特定的地域环境。但是，原品种与生态型品种的差别与其说是由于受基因因素影响，不如说主要是受文化的影响。

随着社会的发展及其多元化，对畜牧业的需求发生了新的变化，人们积累了更多在畜牧业和育种方面的知识和技术。育种更加专业化，产生了新的选育品种。在过去的 250 年中，生产性能、系谱记录及人工控制选育研发出了个体均衡、但呈整体多样化、易于识别的动物群体，即人们常说的"标准品种"。标准品种的研发始于 18 世纪中叶。最初，英格兰人 Robert Bakewell 先生试图建立一个理想的模式（即品种标准）：在封闭的群体内，记录系谱、采用随意交配和选育方式来达到标准的模式。在有些情况下，育种公司在标准化的品种中研发出了专门化品系，主要用于专业化生产系统。

兰德瑞斯与标准化的品种之间的相互作用取得了相当的成就。一方面，兰德瑞斯在研发标准化的品种中发挥了基础性的作用；另一方面，标准化的品种扩繁对兰德瑞斯也构成了威胁。在发展中国家，特别是在传统养殖方式的地区，兰德瑞斯发挥着极其重要的作用。

动物品种成分一直处于动态发展中。在一段时间内，新的品种诞生后，与其他品种进行杂交产生了更新的品种，然后这一新品种又消失了，由此形成了品种多样化。这个过程最终产生了 8 000 个有记载并存于世的品种（FAO，2012）。这些品种代表着全球的动物遗传资源。这些品种是自然和人类双重选育的结果，是在较短的时间内形成的品种。但是，在历史的长河中，这些品种必须面对由于生产环境的变化（如气候变化）和市场需求变化所带来的挑战。

在这些指导准则中，所使用的术语"品种"采用了 FAO 在世界粮食与农业动物遗传资源状况（FAO，2007 b）一书中所使用的定义。但是，从实际角度看，使用这个术语的目的是要表述*保护单元*，即保护特定的动物群体。指导准则中描述的概念可以应用于不同的群体，包括农村饲养的动物，或者是生长良好的标准品种，亦或是专业化育种品系。总之，在指导准则中，品种分为两种类型，即标准化的品种和非标准化的品种，大部分非标准化的品种也可以称为兰德瑞斯品种。

在任何一个国家，畜牧业必须与其他一系列的政策目标相协调。其中，最重要的目标为：支持农村发展、减少饥饿和贫穷、满足对畜产品的不断增长和千变万化的消费需求、保障食品安全、减少疫病威胁及保持生物多样性及良好的环境。为迎接这些挑战，需要为一些品种专业化生产建立繁育计划，开展杂交工作并培育出高品质的动物品种，以满足生产、社会和市场的需求。但是，如果为达到特定的目标，只侧重于少数的动物遗传资源，可能就会威胁到一些品种的生存。这些流失的品种会造成遗传基因的退化：即同物种间由于遗传学差异而形成的遗传差异的退化。

动物群体适应今后环境变化和市场条件的能力与遗传多样性有着直接的关联。所以，如果遗传多样性受到威胁，就必须要制订保护和可持续利用的策略。在一个物种内，品种之间的遗传可变性差异比例为 22～66，当然这取决于品种的性状（Woolliams et al，2007）。

很多的动物物种具有将饲草和作物秸秆转化为重要的营养物质的能力。畜产品（肉、奶、蛋，纤维和毛皮等）的价值占到世界农产品的 40%。人类 1/3 的蛋白质摄入来自于动物产品。牲畜为农业生产提供着畜力和肥料，为实现可持续的食品安全起到了非常重要的作用。在一些发展中国家，特别是在一些畜牧业占主导地位的国家，畜牧业生产的贡献率要远远超过世界平均水平。在一些耕牧混合和牧业生产地区牲畜发挥着金钱储备的作用，在应对风险方面起到了重要的作用。

制订国家动物遗传资源保护计划应首先考虑到一个国家的畜牧业生产方式，包括不同畜牧功能的物种和品种。在制订计划时，可以参考与《粮农组织动物遗传资源状况》（FAO，2007b）相关的国别报告[14]以及粮农组织家畜多样性信息系统的资料（DAD-IS）[15]。

目标

编制国家或地区的动物志，包括各类品种的数量以及物种及品种的作用。

信息来源

- 在编写《粮农组织动物遗传资源状况》一书时各个国家的相关国别报告。
- 在撰写这些国别报告时收集到的有关动物遗传资源资料，或者是国家遗传资源战略报告或计划。
- 粮农组织《遗传资源国家战略及活动计划》指导准则（FAO，2009a）。
- 粮农组织《动物遗传资源可持续管理育种战略》指导准则（FAO，2010）。
- 粮农组织《动物遗传资源调查及监测》指导准则（FAO，2011）。
- 粮农组织《动物遗传资源的形状特征》指导准则（FAO，2012a）。
- 各国从事动物遗传资源管理的相关单位（如养殖企业、牧场、农场、兽医、育种场、科研人员、非政府组织、农业区域性组织等）的资料。

成果

- 国家或区域性的动物物种和品种的资料综述。

工作任务 1：确定国家或区域的动物品种

步骤 1　确立"品种"定义，对需要进行保护单元达成共识

根据（插文 1）内容，"品种"具有很多定义。谈到品种的概念，人们首先想

---

[14]　https：//ftp. fao. org/docrep. fao/010/a1250e/annexes/Country Reports/Country Reports. pdf.

[15]　https：//www. fao. org/dad-is.

到的是与工业化国家以及相关的生产方式相联系，但是每个国家都有自己的品种定义并应用于本国的畜牧业生产。确定品种定义是非常重要的一步，主要原因是品种充当着保护单元的作用，即要根据指导准则中所表述的概念和活动对具有特性的动物群体进行保护。而这一定义应具有融合性和同质性，可以在世界各国使用。所以我们建议用下述的定义作为指导方针："品种是指一个具有可定义和可辨别的，并且通过视觉观察能与物种内其他类似种群进行外部特征区分的驯养家畜亚种群，或者由于与表型相似种群的地理和（或）文化隔离，已经形成独立特性的种群"（FAO，2007b）。

总体上讲，一个品种是经过动物杂交的群体，这个群体的每个动物在遗传资源的管理计划中都应得到重视。但也有特殊的例子（参见第六章），受到保护的品种只能与同品种的其他动物进行交配。同样，在大多数情况下，一个品种是同种动物数代交配生产的结果。当基因互相渗入或者进行了杂交，所产生的后代群体就不应视为原始品种。如果这些杂交品种用于生产后代，最好是要建立新的种群。

在一些国家，已经出台了确定新品种的正式条款，如要注册一个新品种的种群，必须要满足若干个标准。比如在印度，国家动物遗传资源局负责品种登记，该局制订了精准和严格的程序。参见插文 2 中的印度品种登记要求和程序。

插文 2
印度的家畜品种登记

印度的家畜登记注册政策不仅能够促进品种管理，同时也是保护当地独特动物遗传资源的一种方式。对品种达成共识的依据就是粮农组织有关家畜品种的定义。

在印度，每个老百姓都可以依据品种登记政策通过向国家动物遗传资源局提交正式的申请，来确认某个品种。但申请必须要经过州政府的审核。候选的种群必须要经过 10 代的纯种繁育，同时必须提交繁殖能力及独特性的科学数据（如科学论文或研究报告等）。提交申请的同时，要提交推荐品种的详细说明资料，这些资料应包括使用标准的物种特征语言描述、种群的详细历史记录以及有别于其他种群特征的数据表。申请人还要提交不同性别和年龄的具有典型特征的动物照片以及符合"品种"标准的注册动物的清单。除此之外，申请人还必须提交至少有 3 个育种场或动物养殖户的证明信件，并要说明如下内容：

- 为什么认为候选的种群会成为一个受到公认的品种；
- 候选种群的育种工作进行了多少时间；
- 陈述所推荐的品种成为单独群体的理由；
- 建立独特种群开展的工作（如育种策略）；
- 进一步改进该种群的长期计划；
- 候选品种有别于其他动物群体的显著特征。

国家遗传资源局的品种注册委员会将组织对这些申请进行审核，同意或不同意，同时会录入资料库中作永久的保存。

可以通过查询 http：//www. nbagr. res. in/Accessionbreed. html. 获取更多信息。

以上资料由 Balwinder K. Joshi 先生提供。

虽然制订确立新的品种条款是整个动物遗传资源管理计划中的重要组成部分，但还应对人们关注较少的动物群体制订配套的政策，这些群体具有很大的基因差异，同时为食品安全和生活来源作出了重要贡献。对这些方面是绝不能忽视的。如果忽视这个问题，就会减少物种的基因多样性。在如何管理大型畜牧种群方面可以参考《动物遗传资源可持续性管理育种战略》指导准则（FAO，2010）。

步骤 2　起草特定动物品种的归类或排除的协议条款

动物之间相互交配常会形成一个基因品种，即使没有任何数据记录，人们也可以从外观上确定其可以归类为一个品种。就品种保护来说，将某种动物归类于某个品种具有非常重要的实际意义。例如，确认处于危险状态中的品种（参见第二章）可以根据种群的规模及分布进行判断。为了解某个品种的数量，必须要对动物进行很好的分类。同样，为确保相同品种的动物之间互相交配，非常有必要确定每个动物所属的品种。

品种标准及协议一般应由育种协会来制定。如果没有育种协会，国家咨询委员会或其他政府机构应负责制定品种归类的标准。即使有育种协会，特别是对享有公共支持的育种协会，政府应在审批标准的过程中发挥作用（参见第五章）。

步骤 3　建立品种基础清单

在 2000 年初期，很多国家都编写了有关动物品种的国别报告。之后，很多国家都对以前的 DAD-IS[16] 中的品种目录进行了修订。对一些国家来说，这些是最新的目录，能够充分说明目前的情况，同时也是今后作比较对照的基础资料。在第二章中，对品种的调研工作提出了建议，在《调查和监测动物遗传基因》的指导准则中有更详细的内容（FAO，2011）。

工作任务 2：阐述品种及其性能

步骤 1　研究相关文件

正如在使用指南中所谈到的，如果一个国家制订了国家级的战略和行动计划（FAO，2009a），那么就已经具有了品种保护的总体基本框架。能够反映出政府对于动物遗传资源保护的基本想法，与整个畜牧和农业发展计划的关联程度，哪一类动物品种对国家的发展乃至对区域性的经济发展至关重要，以及保护国家动物遗传

---

[16]　https：//www. fao. org/dad-is.

资源所要达到的目标。

步骤2 咨询国家动物遗传资源委员会及其他利益相关方

如果还没有成立国家咨询委员会，那么就应建立一个特别的动物遗传资源保护的咨询委员会。在评审动物性能及审评成果时应邀请该委员会参加。也应征求其他利益相关方（如育种协会、非政府组织以及其他从事动物品种的相关机构）的意见，因为这些机构很可能掌握着动物遗传资源的详细情况。

步骤3 对品种及其性能进行资料总结

对于每一个物种及其性能，都应以表格的形式进行汇总，并附加上对每个动物品种的说明，然后提交到国家咨询委员会进行评审。家畜性能包括对人类提供的各种广泛的服务上。某个特定品种的性能应包括奶、肉、蛋、皮及纤维的产量在农业生产上的贡献（如畜力及粪肥等）、在文化方面（如礼仪场合及体育活动中）的作用、在金融服务方面（如存储及保险等）的作用、在提高牲畜养殖户的社会地位方面的作用、对自然养护（如为保护野生动物栖息地而采取的保护性放牧）发挥的作用。

我们同时建议各个国家还应确认"适应当地"生产模式的动物品种。适应当地环境的品种已经在一个国家存在了很长的时间，从基因角度上讲已经适应了当地的生产模式和环境，在当地基因多样性中是一个非常重要的品种。

畜牧行业发展动态描述

理由

畜牧业处于不断变化中。畜牧业生产变化的驱动因素主要有（FAO，2007b；Oldenbroek，2007）：

- 人口和（或）经济增长导致的对动物产品的需求变化；
- 贸易及市场的发展，包括由于人们对食品质量、保护人类健康、动物福利意识的增加及消费者对特殊产品以及资源可持续利用的认知程度的增强；
- 技术进步；
- 环境变化（包括气候变化）；
- 政策的制定。

一个品种的发展取决于该品种在整个畜牧业体系中目前及今后的作用。牲畜在某些方面功能的衰退会影响到某个物种或品种在某些方面特殊的功能。在世界大部分地区有个明显的例子，就是由于农用机械的推广使用，影响到了专业性较强的役畜的生存（FAO，1996）。同样，由于合成纤维的发展，影响到了绒毛和纤维畜牧品种的饲养。由于可寻找到替代的肥料资源或金融服务资源，对畜牧饲养者的观念以及所饲养的畜种的选择有着很大的影响。牲畜功能的重新定位以及对使用功能的改变是一个挑战，需要开发新的专业功能。如果要实现牲畜功能的转变，必须能够在一直保存的物种中提取遗传多样性。马匹是一个最好的实例，被赋予了新的功能，转变了其原有的役用功能，完全用于娱乐或体育项目中。当一个品种具有了非常显著的遗传差异时，就可以通过选育达到适应新功能的目的。反之，就会被别的品种所替代。

全球畜牧业的主要发展趋势是对肉类、乳制品和蛋品日益增长的需求，导致畜牧业生产集约化、专业化和工业化，这也影响了动物遗传基因资源的使用越来越窄。发展中国家广为采用这种发展模式并得到了迅速发展。虽然这一发展趋势对于增加动物源性食品作出了巨大的贡献，但令人遗憾的是动物遗传资源的多样性受到了威胁。由于历史上人们选育只注重系列特性，而未注重专业生产特性，所以很多品种都被人们遗忘了。用于大规模工业生产的品种，由于只注重选育一小部分的优良个体和群体，多样性也在逐渐地降低。品种多样性的减少意味着选择适于将来生产环境的品种范围缩小。新兴市场的发展趋势和政策目标会对畜牧业形成持续的需求。展望今后诸多的挑战，如应对全球气候变化，需要我们保留更多的、适应性强的牲畜品种。

为了解畜牧业发展的活力并从中发现某个牲畜品种的机遇与威胁，很有必要对一个国家或地区的畜牧业发展状况，包括物种和品种等进行评估。

目标

评估畜牧业发展情况并记载不同动物物种和品种、威胁这些动物生存的因素，以及保护和持续利用这些动物的机遇。

信息来源

- 向 FAO 提交的国别报告。
- 报告中所使用的数据。

成果

- 阐述动物品种使用中正在发生和将要发生的变化、品种的种类，以及每个品种的种群数量。

工作任务：阐述畜牧业发展的动态

步骤 1   阐述各种不同的品种和物种的作用

可以引用国别报告中的基础资料，但是要注意数据更新。

步骤 2   阐述畜牧业发展的动力以及目前和今后变化的主要因素

在上述文件中已经对所提及的变化的主要因素有所表述。在发达国家，人们日益增长的需求是希望草食家畜更多地用于自然牧场的管理，以及满足休闲爱好人群的需求。

步骤 3   阐述动物遗传资源使用的趋势

阐述随着生产模式的变化，动物物种和品种使用的趋势以及这些变化对这些物种和品种所产生的影响。

评估动物遗传资源现状及趋势

理由

正如前所述，大约有 40 个动物物种经过驯化后用于农业生产和食品消费。其中，牛、绵羊、鸡、山羊和猪这 5 个物种的数量最多，分布最广。在世界的各个地区都能寻找到牛、绵羊和鸡，山羊和猪分布的范围则相对较小。山羊主要是在发展中地区较为常见，而穆斯林地区是不饲养生猪的。

《世界粮食与动物遗传资源状况》（FAO，2007b）对于上述 5 种动物品种的地区分布有详细的描述，具体为：

全球禽类品种中大部分是鸡的品种。目前鸡的数量为 200 亿羽，其中 50％ 在亚洲，1/4 在美洲，欧洲和高加索地区占 13％，非洲占 7％。

在所有的区域，牛都是非常重要的。全球共有 13 亿头牛，世界上每 5 个人平均拥有 1 头牛。在亚洲和拉丁美洲，牛的数量分别占到 32％ 和 28％。巴西、印度和中国饲养着绝大多数的牛。在非洲，特别是在苏丹和埃塞俄比亚，牛的数量最多。在欧洲和高加索地区，其中俄罗斯和法国数量最多。牛的品种数量占到全球哺乳类牲畜品种的 22％。

全球的绵羊数量为 10 亿只。50％ 饲养在亚洲、中东和近东。中国、印度和伊朗是拥有绵羊最多的国家。西北太平洋大约占 15％，拉丁美洲和加勒比海地区占有 8％ 的比例。根据记载，绵羊的品种种类数量最多（占到全球哺乳动物的 25％）。

世界上大约有 10 亿头生猪，每 7 个人平均拥有 1 头，2/3 的数量在亚洲。中国拥有的数量最多，但是越南、印度和菲律宾也拥有相当大的数量。欧洲和高加索地区拥有世界的 1/5 的数量，美洲占有 15％。生猪品种在世界哺乳类动物中占到 12％。

全球拥有 8 亿只山羊，其中 70％ 在亚洲、近东和中东。中国、印度和巴基斯坦的数量最多，非洲不到 15％，其他地区，如拉丁美洲、加勒比海地区、欧洲和高加索地区各占 5％。世界上哺乳类家畜品种的 12％ 为山羊品种。

其他数量较少的物种，包括马、驴、鸭在全球都有。但不像牛、绵羊和鸡分布的不是很平均。其他品种，比如水牛和骆驼品种在一些地区是非常重要的，但分布的不是很广泛。

据报道，大约有 22％ 的品种处于危险中（FAO，2012），但这一数据还只是遗传退化的冰山一角。对于品种的记录，特别是在品种层面，对于种群规模以及结构的调查还很欠缺。有 30％ 的品种种群还没有详细的记载资料。不管怎样，可以得出的结论是，牲畜物种的品种多样性受到了威胁。即使广泛使用的国际跨境的牛品种来说，由于只使用少数高度流行的公畜，对品种间的遗传多样性也造成了一定的影响。这两种现象均对牲畜物种的遗传多样性产生快速和不可逆转的影响。

目标

阐述一个国家或地区生物物种的发展动态。

信息来源

- 国家的动物品种清单。
- 每个品种的历史和目前的数量记录。信息来源包括国别报告、DAD-IS、欧洲农场动物生物多样性信息系统—EFABIS 以及最新的调查和监测活动的数据。
- 预测将来动物品种种群数量有关的国家统计数据、战略及政策文件。

成果

- 每个品种的目前估计数量以及今后群体数量的预测。

工作任务：对过去、现在及将来的种群数量进行预测

步骤1　搜集过去和现在的种群信息并就发展趋势进行分析

从 2000 年的国别报告中的数据入手。很多国家的农业部或经济事务部出版了年度畜牧统计数字。虽然政府的数据没有细分品种记录，但是可以参考育种协会的年度报告。根据政府部门、大学及研究机构定期出版的"展望将来"期刊，可以对每个物种，甚至每个品种的动物数量的发展趋势进行预测。最为理想的是，在制订国家的发展战略和行动计划时，如果还没有制订对品种群体数量开展日常监测的计划，要考虑制订这个计划。

步骤2　预测将来动物群体规模

根据 10 年前每个品种的牲畜数量、目前的数量及观察到的发展趋势，对今后10 年每个品种的数量进行预测（参见第二章）。

在预测将来群体规模时，可以考虑几种方案，并形成两种备选方案：一种是乐观的预测，一种是保守的预测，但两种方案的差距不能相差过大。

步骤3　如果还没有品种种群资料，需要设想可能影响多样性的总趋势

在很多国家，有关动物品种数量可靠的信息不多。那么就要预设出在发展畜牧业中影响动物遗传多样性的可能的威胁因素。由国外进口畜牧种质资源是长期且受政府支持的吗？随着城镇化进程的加快，畜牧行业从业者或他们的孩子是否迁入城市？政府对于动物遗传资源保护和发展是否支持？农场主和育种场是否有正式的组织？是否有国际非政府组织支持使用适应当地环境的牲畜？如能回答这些问题就能够了解到当地的畜牧品种是否处于危险状态。如果对前两个问题的回答是"是"，后三个问题的回答是"不是"，就说明品种处于危险状态。如果动物遗传资源处于危险状态，就应立即重视对该品种的普查工作。

确定动物遗传资源流失的原因

导致品种濒临灭绝和动物多样性处于危险状态的原因是多种多样的（FAO，2007b；FAO，2009b）。在发达国家，出于对满足高投入、高产出生产模式的需求，仅仅依赖于国际上流行的几个跨境动物品种，是遗传资源退化的主要原因。这种趋势导致了很多的品种资源使用率很低，在不知不觉中被遗忘。在发展中国家，遗传资源受到的潜在威胁更多。很多的文章对发展中国家中威胁动物遗传资源的原因及发展趋势都持有相同的观点。Rege 和 Gibson（2003）先生曾提出了遗传退化的主要原因，包括：使用外来品种资源、生产方式的改变、由于社会和经济原因导致的生产者的偏好倾向以及灾害（如干旱、饥饿、疫病、国内冲突和战争）等。Tisdell（2003）提到了下述的主要原因：发展干预政策、专业化（对单一品种的过于重视）、外来品种的遗传基因渗入、生物技术的发展、政治不稳定和自然灾害等。Rege（1999）就处于危险状态的非洲品种提出了如下的原因：其他品种的替代、与外来品种杂交或与适应当地条件的品种杂交、冲突、失去栖息地、疾病、忽视或缺乏持续的育种计划等。Iñiguez（2005）先生确认其他品种的替代、不加选择的杂交方式对于西亚和北非的小反刍动物品种具有极大的威胁。

由于发展中国家对于畜产品的需求日益增加，肉、蛋、奶的生产量也大幅增加（Delgado et al，1999）。为增加产量，各地都用有限的几个高产的国际跨境品种进行杂交并取代了适应当地环境的品种。在养殖很多当地生猪和鸡品种的地区，由于推广工业化生猪和肉鸡生产的模式，人们普遍关心的重点是要保护当地的物种。消费需求威胁着那些不能生产出具有特性产品的动物品种。例如，由于消费者偏好消费瘦肉，那些具有高脂肪的生猪品种消费量就会降低（Tisdell，2003；EMBRA-PA，2006）。其他的威胁，包括气候变化、缺乏品种改良必要的基础设施和服务、劳动力转移，以及由于畜牧养殖者迁移到城市工作，从而放弃了原有的畜牧养殖知识等（Daniel，2000；Farooquee et al，2004）。

这些例子反映出，动物遗传资源的威胁是多方面的，并可以用多种方式进行分类。在《世界粮食与农业动物遗传资源状况》（FAO，2007b）一书中，根据对动物遗传资源管理形成的各种挑战，主要总结出了3种原因：

- 畜牧业发展趋势；
- 灾害及紧急事件；
- 动物疫病及防控措施。

在制订保护计划之前，要充分了解本国或本地区动物遗传资源面临的威胁。

目标

确认并阐述本国或本地区影响动物遗传多样性的因素。

信息来源

- 描述畜牧业变化的驱动因素。

• 收集有关灾害及疫病发生的可能性以及抗击这些灾害和疫病的预案。

成果

• 描述本国或本地区的遗传多样性的威胁因素。
• 减少各种威胁的总体策略。

工作任务：评估遗传多样性的威胁

步骤 1　对导致畜牧业变化的原因进行分析

首先对畜牧业生产的变化带给正在使用的牲畜品种的影响进行评估。比如，当为满足市场上畜产品的需求而采用集约方式时，由于不适应这个生产模式，这些品种难以得到很好的利用。

步骤 2　评估灾害及疫病暴发的概率

灾害（如战争、洪灾）能够在短时间内毁灭牲畜。应该对本国或本地区的灾害对动物遗传资源构成何种程度的危害进行确认。由于军事冲突和社会动乱造成的政治不稳定也能够增加这种危害性。气候变化或地球物理灾害的历史资料可以反映出威胁的程度。在很多国家，兽医部门每年都会编制出年度报告，反映本国的疫病发生情况以及跨境疫病的威胁情况。对疫病本身形成的威胁也应进行检查，检查疫病防控（特别是对动物的强制淘汰）政策措施。在很多发展中国家，消灭疫病的过程对品种来说就是个真正的威胁，特别是在某个特定地区或某个农场的种群数量很少的品种来说更是这样。为此，在考虑其他局部的自然灾害形成的威胁时，确认一个国家或地区内品种的地理分布状况是非常重要的。

步骤 3　总结危险因素并考虑预防性的措施

根据上述步骤 1 和步骤 2，可以总结出一个国家或地区动物品种的威胁因素，包括：

1. 由于经济利益驱动而忽视品种的利用，导致品种数量持续下降；
2. 由于灾害或疫病暴发，导致品种种群数量的快速下降。

解决第一个问题的方法是，建立长期农村发展规划、品种改良和市场营销计划（参见第七章和第八章）。解决第二个问题的方法是，有必要修订疫病防控政策，同时考虑将过于集中的群体疏散到更广阔的区域。作为两种解决办法的补充，可以采取冷冻的方式进行低温保存。

确定保护目标

理由

在 20 世纪 80 年代早期，人们越来越意识到动物遗传多样性对各种不同的生产模式所起的作用，同时认识到动物多样性呈萎缩态势。很多国家在此时开展了国家层面的保护工作。各个国家采取的方法有所不同，有些开展了原地保护，有些开展了异地保护，有些国家采用了两种方式开展保护工作。无论开展什么样的保护工作，都需要牲畜养殖者、各类的公有和私有组织的广泛参与。在最初阶段，重点放在了原地保护上。近期，越来越多的重点放在了建立异地保护和基因库上。

在很多发达国家，人们对于保护适应当地环境的品种更感兴趣，建立了国家级的品种保护协会。这些组织大部分为非政府组织，对这些品种的文化和历史价值有充分认识，他们启动了品种原地保护行动，强调的重点是生态或历史人文价值，并呼吁政府、繁育组织以及繁育人员积极参加。很多国家级组织携手与"瑞尔保护协会"合作[⑰]。

保护动物遗传资源的原因有多方面。在发达国家，从传统和文化价值上人们早已接受实施保护政策。这就促进了要为受到威胁的品种制订保护性政策，鼓励人们开发畜产品的利基市场。而在发展中国家，人们更关心的是食品安全和经济发展。

动物遗传资源保护目标共分 5 种类型：

- 经济上：家畜动物多样性应受到保护，其具有潜在的经济效益。增加遗传多样性可以对选育作出更多的反应，也可以更好地适应气候、生产方式、市场需求和监管的变化或争取外部投入。畜牧多样性对人们的膳食结构多样性和改善健康有着极大的促进作用。

- 社会和文化上：家畜动物多样性具有重要的社会和文化功能。牲畜品种实际上反映的是一个团体的历史认同感，一个品种能够反映培育该品种的社区认同感，已经成为生活中的一部分，成为了很多社会的传统。具有特性的品种的流失意味着一个社区团体文化认同感的流失，也是人类遗产的遗失。

- 环境上：家畜动物多样性是各种生态系统的组成部分。多样性的流失使这些系统面临威胁，减弱了这些系统对外界发展和打击的反应能力。牲畜的一个基本功能是环保方面的作用，如控制杂草生长和种子的传播。随着人口增长和人们对于畜产品需求的增加，在发展中国家，荒地和中低产田会在今后的粮食生产中发挥重要的作用。在发达国家，耕地已经不作为生产用地，而是

---

⑰　http://www.rarebreedsinternational.org/

"还原给自然"。拥有良好适应能力的家畜起到了开发和维护的作用。在发达和发展中国家，对具有良好适应能力的品种的开发和保护是非常重要的，可以保证实现可持续发展目标而不造成对环境的破坏。

- 降低风险上：家畜动物多样性是应对今后未知挑战的一个重要保证。只依赖于很少的品种数量是非常危险的，因为这样会产生基因缺失和基因组合缺失，这种现象当时看不出会产生直接的影响，但今后影响就会显现。例如，动物品种对新的疫病抗病性减弱，需要较长的恢复期。保护家畜动物多样性有助于减少风险，保证食品安全。

- 科研及培训上：家畜动物多样性有利于科研和培训。这些内容包括免疫学、营养学、繁殖学、遗传学以及对气候和环境适应性等方面基础生物学的研究工作。例如，基因相距较远的品种可以用于疫病抗病性和敏感性的研究，更好地了解潜在的机理，寻找到更为有效的疫病控制办法。如果拥有较多的品种，会有助于准确定位独特的基因突变原因（参见插文3），牲畜可以作为动物模型研究人类的遗传疾病。

插文 3
白色背线性状：保护遗传多样性用于研究目的

白色背线性状在普通牛中属于显性遗传性状。该性状表现为色素在身体两侧、鼻尖和两耳尖等部位分布，在牛外观表现为从头颈部至臀尾部为白色背线，也称为"lineback"或"witrik"（表示白背性状）。在一些国家，人们特意培育了白色背线品种，使其特性得到保护。白色背线性状至少在欧洲中世纪时就有文献记载，并在其他几个牛品种中，包括比利时蓝牛、北欧品种、荷兰牛、美洲兰德尔牛和瑞士褐牛分离出此性状。通过对白色背线性状的牛基因分型，并与缺乏该性状的牛资料进行比较，比利时科学家确定了牛的白色背线性状是由6～29之间的染色体复制和交换后形成的片段的染色体组形成（Durkin，2012）。

该研究表明通过复制不同染色体基因，寻找到了基因表型。通过对花色图案牛品种的保护，寻找到了遗传机制，而这种哺乳动物的机制在以前是人们不知道的。

由 Kor Oldenbroek 先生提供。

Gandini 和 Oldenbroek（2007）先生总结出了上述 5 种类型，其主要目标有两个：

1. 为在农村地区可持续利用而实施保护工作，包括经济活动、社会文化功能和环保服务等；

2. 保护遗传系统的适应性，包括降低危险和用于科研和教育目的。

第一个目标只能通过活体保护计划来完成（并采用低温冷冻的手段作为安全保证措施）。第二个目标是最为有效的办法，就是低温冷冻方式（并采用活体保护作为快速增加群体的辅助机制）。

由于保护方式取决于保护目的，所以必须确定列入保护计划品种的保护目标是什么。

目标

确定每个物种的国家保护目标。

信息来源

- 政府的畜牧业发展政策文件。
- 潜在的保护目标清单。
- 如果有的话，动物遗传资源保护的国家战略和活动计划。

成果

- 每个物种和品种的保护目标的清单。

工作任务：确定保护目标

步骤1 考虑潜在的保护项目目标

在制订一个物种的保护计划时应考虑几个目标。例如，要保证对经济、文化和生态功能起到的作用，以及群体的特性应得到保护等。

步骤2 对保护目标进行总结

根据上述理由中叙述的五个目标和两个概述目标设计出两个表格，用于每个物种的保护目标的总结工作。

审评每个品种的状况并制订管理策略

理由

正如已经阐述过的，随着畜牧业生产方式的发展，很多品种都处于闲置状态，不再用于（或没有确定用于）商业生产。这种情况是具有风险的，品种内的种群的数量会减少，甚至会濒临灭绝。我们可以通过态势分析法 SWOT（优势、劣势、机遇和威胁）方式，对目前品种所处的状况及今后的管理战略进行分析，从而得出结论（EURECA, 2010）。

态势分析法（SWOT）是应用优势、劣势、机遇和风险等对一项事情进行评估，对今后的工作进行决策和制订工作计划。态势分析法（SWOT）最早出现在20 世纪 60 年代，由美国斯坦福大学的 Albert Humphrey 博士创造的理论。最初，SWOT 分析法用于商业活动评估，现在已经应用于很多领域了。动物遗传资源保护可以使用 SWOT 分析法单项内容或全部内容对目前的品种状况进行评估，通过分析品种的特性及相关利益方，确定保护策略、发展前景及今后的挑战。

对动物品种进行 SWOT 分析包括 4 个步骤（Martin-Collado et al, 2012）：
- 对系统的定义进行分析，即对品种生存环境的内部和外部的组成部分进行分析。根据这些资料，筛选出整个链条的利益相关方和实体。
- 由利益相关方确认其优势、不足、机遇和风险。
- *优势*为品种本身所具有的积极特征，以及改善品种价值和增强竞争力的动物饲养者或育种组织所具有的正面特性。
- *劣势*是品种本身所具有的消极特征，以及对品种竞争力、可持续利用力产生影响的动物饲养者或育种组织所具有的负面特性。
- *机遇*是影响品种、饲养者和品种协会的外部条件和可能因素，这些外部条件可能会为更好地利用品种提供良好的条件。
- *风险*是影响品种、饲养者和品种协会的外部挑战，为保证这些品种的生存，必须要克服的挑战。
- 对驱动因素进行排列：对优势、劣势、机遇和风险进行分析和对比，限制他们最大的不足。
- 通过优势与机遇的组合、劣势与机遇的组合、优势与威胁组合和劣势与威胁的组合（见下文）来确定并优先采取的保护策略。

SWOT 分析法的目的不仅要确定品种的目前状态，同时也考虑今后的发展。品种目前的状况取决于优势和劣势，特别是对品种来说，可以归类为内部因素。将来则取决于外部因素，包括机遇与风险。内部因素常可以直接管理，而外部因素会对品种形成挑战。

SWOT 分析法可以在制订某个品种未来发展策略计划的决策时使用。常见的方法是强调 4 个部分的 2 个方面。比如，策略的制订应考虑如下内容：

- 利用优势来考虑机遇的有利条件（SO-strategy）；
- 利用优势来降低风险的发生及影响（ST-strategy）；
- 通过使用机遇来克服劣势（WO-strategy）；
- 降低由劣势和风险共同引起的灾难性结果的发生（WT-strategy）。

目标

为品种制订保护和可持续使用的策略。

信息来源

- 品种的特性、历史、作用、产品以及当地的生产环境特征等详细记载资料。
- 对动物品种、土地使用趋势、目前和潜在的利益相关方进行分析，同时分析畜牧养殖模式、畜产品消费及对畜牧业提供的服务进行分析。

成果

- 制订品种使用和保护的备选战略。

工作任务：评估品种今后使用和保护的可能策略

步骤 1 对品种和利益相关方进行 SWOT 分析

每个品种的优势可能为它的遗传特性、对生产方式的适应性或以前和目前在人文中发挥的作用。另外一个优势是具有一个高效的组织，这个组织为每种动物制订了可操作的系谱和性能注册的计划。每个品种的劣势可能为如产肉、奶、蛋的性能较低、群体小、地理分布过于集中或者饲养员的年龄较大等。另外一个劣势可能是由于缺乏遗传知识，难以进行保护活动。机遇可以包括消费者对特殊品种产品的偏爱、政府对自然管理或生态系统服务的重视以及越来越多的人对休闲旅游感兴趣。风险可以包括进口高性能的国际跨境品种、政府只重视畜产品的商品化生产而不重视当地市场的供应等。插文 4 和插文 5 分别介绍了对欧洲品种牛和美国品种鸡的 SWOT 分析结果。

插文 4

东芬兰乳牛的 SWOT 分析

历史沿革

东芬兰乳牛（芬兰）具有明显的表型，背毛红棕色，背部呈白色。在 1890 年的时候，就得到了官方确认，成为一个特有的品种。在 19 世纪 90 年代，该品种协会就已经建立。协会最初的活动是建立该品种的注册基地，在选育品种时强调培育外观特性。从 20 世纪 20 年代开始，选育重点转移到注重经济效益特性上，同时，对其产奶量进行登记。到 20 世纪 30 年代时，该品种登记注册的牛有 15 000 头。第二次世界大战对该品种牛造成了灾难性的后果，只剩下了 5 000 多头。战后，数量持续减少，主要原因是艾尔夏牛和黑白花奶牛取代了东芬兰牛。在 20 世纪 80 年代，数量降至最低点，只有 50 头母牛和 10 头公牛。幸运的是，随后开展了多种多样的保护计划，纯种牛目前已经有 800 头左右，有增加的趋势。

优势：芬兰具有独特的、象征性的种质资源。

劣势：奶产量低。

机遇：在产品开发中发掘特性；"绿色农场"。

风险：很多育种人员（新农场主）缺乏相关的育种知识，（休闲农场）对改善牛产奶量的选育工作缺乏兴趣。

育种、保护及推广

登记注册的牛达到 30%。人工授精组织在国家基因库存有 100 个胚胎（来自于 18 头母牛、12 头公牛）、75 000 剂冷冻精液（来自于 48 头公牛）。育种组织建议，在为每头牛配种时要考虑这个群体中牲畜之间的基因关系。一些育种企业已经与饭店联合销售牛奶及肉产品。政府对饲养东芬兰乳牛的农户进行补贴。

资料来源：EURECA（2010）。

插文 5
美国爪哇鸡的 SWOT 分析

历史沿革

这个名字指的不是一个地名，而是在美国培育出的爪哇鸡品种，而基础群是否属于亚洲也不确定。爪哇鸡的生产曾在美国是常见的，生产水平在家禽中属于中等。但是，由于禽类工业化生产，该品种已经处于残遗状态。如果要恢复其品种，必须要开展有针对性的保护计划，特别是要保护其完整的生产性能。通过 SWOT 分析，提出了发展战略。

优势：历史悠久，生产性能良好，散养肉用家禽，具有理想的胴体，味道独特。

劣势：种群数量减少，目前只有两条选育系，繁殖率和活力逐步减弱。

机遇：消费者对传统品种的认可，兴趣增加，饲养范围扩大，品种改良及种群管理可以避免近亲繁殖扩散。

　　风险：近亲扩散（如果管理不好）。饲养区域变小，数量减少。

育种、保护及推广

　　综合考虑这些因素，制订了使用现存的两个品系进行杂交的计划，对其产生的后代进行生产速度、繁育和体型的选育。通过在两个相对近亲的群体进行杂交，恢复了该品种的部分生产性能。一个新的育种组织扩大了该品种的养殖区域，目的是将种群全部纳入饲养范围内。如果将种群分为几个地方饲养，就会减少连续遗传漂流和整个群体的近亲问题。由于生产水平的增加，生产商更有兴趣寻找办法从事工业化生产，扭转这个品种的数量和活力的下降趋势。

———————————

由 Phil Sponenberg 提供。

　　步骤 2　根据优势、劣势、机遇和风险确定优选目标

　　一旦确定了优势、劣势、机遇和风险后，就可以采用多种方法制订发展策略。一种方法是为最重要的优势和最重要的机遇制订出策略。另一个方法是将某个动物品种的劣势与机遇进行比较，从而制订出发展策略，寻找机遇的有利条件来克服劣势。

　　步骤 3　制订保护和使用的备选战略并评估其可行性

　　需要强调的是，保护性措施对一些品种和物种是非常有效的，但并非对所有的品种都有效。例如，在饲养家畜改善农村妇女生活水平的策略中，可以选择饲养家禽和小反刍动物，要比选择牛好得多，因为家禽和小反刍动物不需要很多的启动资金，使用的资源（如饲料和房舍）也较少。

比对保护性战略

理由

保护策略可以分为原地保护（对当地发现、使用并驯化的品种继续在当地生产方式中发挥作用）和异地保护（其他的情况）。异地保护还可细分为异地活体保护（选择一些牲畜在产出地以外的环境进行饲养）和异地试管保护（在基因库低温保存）。

原地保护

就牲畜的多样性来说，原地保护是一项非常积极的、保证食品安全和农业生产所需的动物群体的育种工作，原地保护可以在短时间内使遗传多样性得到最好的利用，并能长期保存品种。原地保护包括生产性能记录、制订品种遗传多样性保护的育种计划等。原地保护也包括农业和食品生产可持续利用的生态系统的管理。

异地保护

就牲畜的多样性来说，异地保护意味着将当地发现、驯养和培育的品种资源从它们熟悉的生产方式中转移到其他地方。这包括活体动物保存和低温冷冻保存两种方式。

异地活体动物保护

这种保护方式实际上是将牲畜放置于陌生的环境中（动物保护区或政府农场）或将这些动物从被发现和驯养的地方转移到其他地方进行饲养保存。从资金和实际角度出发，保护的牲畜群体的数量非常有限。由于牲畜被饲养在远离它们所熟悉的环境，群体一般比较小，已经很难通过自然选育方式来保证群体适应当地的环境。所以，我们强烈建议采用异地活体保护时应伴之以低温冷冻的保存方法。

在异地活体保存工作中，重要的问题是解决是否有长期的资金支持，以保证一代又一代的动物达到成功保存的标准。

低温冷冻保存

这种保存的方式是收集并冷冻精液、卵细胞、胚胎或动物组织，以备将来用于繁育和重新建立种群。低温冷冻也称作人工试管保护。低温冷冻保存的主要问题是要解决采集样品时所需的设施及专业人员的费用。在开始低温冷冻工作前，必须要解决存储设备等问题。

原地保护和异地保护的作用

表1列出了保存的方法及保存目的之间的关系。在寻找保护品种目标和合适的保护方法时，可以参考这些信息。根据表中的内容，我们的结论是：在大多数情况下，原地保护是一种选择的方法。原地保护和异地保护策略能够在实现各种不同的

保存目标时起到不同的作用。当遗传系统是唯一的保存目标时，就可以选择低温保存法。如采用低温冷冻保护法，就不需要活体保护，除非遇有特殊需要。例如，在使用冷冻精液时，饲养几头母牛，可以起到促进并重新建立品种的作用。

表1 保护方法及目标

目标	方法		
	原地	异地活体	低温冷冻
遗传系统的适应性			
对生产环境变化所投入的保险	是	是	是
保证不发生疫病、灾害等	不是	不是	是
科研机遇	是	是	是
遗传因素			
持续的品种评估/遗传适应性	是	差	不适应
对品种特性的知识了解	是	差	差
缩小遗传流失范围*	是	不是	是
农村地区持续利用			
农村发展的区域	是	差	不是
保护农业生态系统的多样性	是	有限	不是
保护农村文化多样性	是	差	不是

* 遗传流失范围取决于原地种群数量以及用于低温冷冻保护的动物比例。

资料来源：选自 Gandini 和 Oldenbroek（2007）。

原地和异地保护并不是互相排斥的。生物多样性公约（CBD，1992）强调原地保护的重要性，而异地保护则是一种重要的补充办法。人们往往倾向于原地保护，其主要原因是这种办法可以保证一个品种始终保持着活力（FAO，2007a）。这种认识是对的，当某一个品种的适应性和遗传变化非常缓慢，而且要服务于各种不同的需求时，这是可以保护遗传变异性的。但是，商业价值较高的品种在选育时常常受到近亲的影响（只使用数量不多的、高质量的公牛生产后代）。商业价值较低的品种群体较小，而且受到遗传流失，甚至有灭种的威胁（参见第二章和第六章）。在这种情况下，标准的原地保护管理方式已不能满足遗传多样性的需要。同样，异地活体保护很难保证品种的原始遗传多样性，主要原因是牲畜没有在它们熟悉的环境中进行饲养。所以，不论是采用原地或异地活体保护，最好以对种质进行低温冷冻保存的方式作为补充手段（参见第四章）。

目标

确定适合特定物种中的品种保护措施。

信息来源

- 所需保护的品种和物种清单。
- 将来的保护措施的清单。

成果

- 为每一个物种制订适用的保护措施并形成文字说明。

工作任务：评估潜在的保护措施

步骤 1　对实施各种各样的保护措施的可行性进行评价

实施某个特定的保护方法的可行性取决于一个国家现有的基础设施和技术能力。如果要有效实施活体保护计划，必须要有一个育种协会或要建立一个育种协会组织，或者政府或非政府机构要拥有开展这项工作的农场（参见第五章）。只有对精液或其他材料能够进行可靠和安全的采集、冷冻并贮存，才能够实施冷冻保护。

步骤 2　确定物种最适合的保护方法

可以设计出表格，横向为物种，竖向为保护措施。有必要区分出原地保护、异地活体保护和低温冷冻保护。

步骤 3　确定实施保护办法的先决条件

步骤 1 中确定了可行的保护措施，但不一定马上实施。例如，对保护工作感兴趣的育种场可到现场参观，最好是在实施前，先把他们组织起来进行有关原地保护计划的培训。通过评估目前的现状和今后的需求，就可确定最适合的方案。同时制订实施这些方案的计划，包括培训和设施等方面。

参考文献

CBD. 1992. Convention on Biological Diversity. Montreal (available at http：//www. cbd. int/ convention).

Daniel，V. A. S. 2000. Strategies for effective community based biodiversity programs interlocking development and biodiversity mandates. Paper presented at the Global Biodiversity Forum，held 12 - 14 May 2000，Nairobi，Kenya.

Delgado，C.，Rosegrant，M.，Steinfeld，H.，et al. 1999. Livestock to 2020：the next food revolution. Food，Agriculture and the Environment Discussion Paper. 28. IFPRI/ FAO/ILRI.

Durkin，K.，Coppieters，W.，Drögemüller C.，et al. 2012. Serial translocation by means of circular intermediates underlies colour sidedness in cattle. *Nature*，482，81 - 84.

EMBRAPA. 2006. Animals of the discovery：domestic breeds in the history of Brazil，edited by A. S. Mariante. & N. Cavalcante. Brasilia.

EURECA. 2010. Local cattle breeds in Europe，edited by S. J. Hiemstra，Y. de Haas，A. Maki-Tanila & G. Gandini. Wageningen，the Netherlands，Wageningen Academic Publishers (available at http：//www. regionalcattlebreeds. eu/publications/documents/9789086866977cattlebreeds. pdf).

FAO. 1996. Livestock-environment interactions. Issues and options，by H. Steinfeld，C. de Haan & H. Blackburn，Rome (available at http：//www. fao. org/docrep/x5305e/x5305e00. htm).

FAO. 1999. The global strategy for the management of farm animal genetic resources. Executive Brief. Rome (available at http：//lprdad. fao. org/cgi-bin/getblob. cgi？sid=- 1，50006152).

FAO. 2007a. Global Plan of Action for Animal Genetic Resources and the Interlaken Declaration. Rome (available at ftp：//ftp. fao. org/docrep/fao/010/a1404e/a1404e00. pdf).

FAO. 2007b. The State of the World's Animal Genetic Resources for Food and Agriculture，edited by B. Rischkowsky & D. Pilling. Rome (available at www. fao. org/docrep/010/a1250e/a1250e00. htm).

FAO. 2009a. Preparation of national strategies and action plans for animal genetic resources. FAO Animal Production and Health Guidelines. No. 2. Rome (available at http：//www. fao. org/ docrep/012/i0770e/i0770e00. htm).

FAO. 2009b. Threats to animal genetic resources-their relevance，importance and opportunities to decrease their impact. CGRFA Background Study Paper No. 50. Rome (available at ftp：//ftp. fao. org/docrep/fao/meeting/017/ak572e. pdf).

FAO. 2010. Breeding strategies for sustainable management of animal genetic resources. FAO Animal Production and Health Guidelines. No. 3. Rome (available at http：//www. fao. org/ docrep/012/i1103e/i1103e. pdf).

FAO. 2011. Surveying and monitoring of animal genetic resources. FAO Animal Production and Health Guidelines. No. 7. Rome (available at www. fao. org/docrep/014/ba0055e/ba0055e00. pdf).

FAO. 2012a. Phenotypic characterization of animal genetic resources. Animal Production and Health Guidelines No. 11. Rome (available at www. fao. org/docrep/015/i2686e/i2686e00. pdf).

FAO. 2012b. Status and trends of animal genetic resources – 2012. Intergovernmental Technical Working Group on Animal Genetic Resources for Food and Agriculture, Rome, 24 – 26 October, 2012 (CGRFA/WG-AnGR—7/12/Inf. 4) . Rome (available at http: //www. fao. org/docrep/ meeting/026/ME570e. pdf).

Farooquee, N. A. , Majila, B. S. , Kala, C. P. 2004. Indigenous knowledge systems and sustainable management of natural resources in a high altitude society in Kamaun Himalaya, India. *Journal of Human Ecology*, 16: 33 – 42.

Gandini, G. , Oldenbroek, K. 2007. Strategies for moving from conservation to utilization. *In* K. Oldenbroek, ed. *Utilization and conse ̂ ation of farm animal genetic resources*, 29 – 54. Wageningen, the Netherlands, Wageningen Academic Publishers.

Iñiguez, L. 2005. Sheep and goats in West Asia and North Africa: an overview. *In* L. Iniguez, ed. *Characterization of small ruminant breeds in West Asia and North Africa*, Aleppo, Syrian Arab Republic. International Center for Agricultural Research in the Dry Areas (ICARDA).

Martin-Collado, D, Diaz, C. Mäki-Tanila, A. , et al. 2012. The use of SWOT analysis to explore and prioritize conservation and development strategies for local cattle breeds. *Animal*, 20: 1 – 10.

Oldenbroek, K. (editor) 2007. Utilization and conservation of farm animal genetic resources. Wageningen, the Netherlands, Wageningen Academic Publishers.

Rege, J. E. O. 1999. The state of African cattle genetic resources I. Classification "framework and identification of the threatened and extinct breeds. *Animal Genetic Resources Information*, 25: 1 –25.

Rege, J. E. O. , Gibson, J. P. 2003. Animal genetic resources and economic development: issues in relation to economic valuation. *Ecological Economics*, 45: 319 – 330.

Tisdell, C. 2003. Socioeconomic causes of loss of animal genetic diversity: analysis and assessment. *Ecological Economics*, 45: 365 – 377.

Woolliams, J. , Toro, M. 2007. What is genetic diversity? *In* K. Oldenbroek, ed. *Utilization and conservation of farm animal genetic resources*, 55 – 74. Wageningen, the Netherlands, Wageningen Academic Publishers.

第二章

辨识处于危险中的品种

辨识危险程度

理由

在完成了本书第一章的工作任务后，就会对一个国家的畜牧品种及其作用、畜牧业发展趋势及保护的机遇有了全面的了解。下一个目标就是确定面临灭绝危险的动物，即需要保护的品种。可以采用普查和调查的办法对品种的灭绝风险进行评估。这并不意味着对面临灭绝风险的动物都给予相应的保护，由于有些国家的资金紧张，不可能对所有面临灭绝威胁的动物都进行保护。本书第三章详细介绍了在进行保护时，要考虑保护的价值并确定予以优先保护的动物品种。

生物多样性公约（CBD，1992）详细说明了对生物多样性监测的重要性，特别强调了急需保护的生物多样性的内容（参见第七章）。在动物遗传资源全球行动计划中（FAO，2007a），强调了要对动物遗传资源的威胁程度进行监测的重要性："通过定期监测相关威胁和趋势而形成的国家级动物品种清单，对于有效的管理动物遗传资源是基本的要求"。在讨论通过全球行动计划时，很多国家同意建立或加强各个国家的动物遗传资源的预警和应急系统，而对品种的威胁程度进行评估则是建立这个系统的基础。如果要监测跨境品种的威胁程度，则需要各个国家的合作。

我们研究品种受到的威胁程度实际上也就是在估测其发生的可能性，在目前的情况下，一个品种在一定的时间内灭绝或随着时间的推移以不可持续的速度（Gandini et al，2005）流失其遗传变异的可能性，最终导致较高单型的位点（即没有变异的基因组和单等位基因区域），从而产生遗传缺陷、健康状况和适应性变差。品种灭绝的两个方面（动物消失和遗传变异流失）关联性是非常大的。但是，作为解决问题的办法，我们可以将其定义为两个问题，一个是遗传问题，另一个是种群数量问题。

种群规模及种群规模的变化速度（特别是种群规模的下降）是影响品种灭绝的最重要的因素。很明显，一个品种的数量越少，越有可能在受到连续的负面影响（如母畜后代比例低、繁殖率低或者成活率低）或一场灾难（如战争或疫病暴发）时彻底灭绝。如果品种的数量持续下降，就会达到一个灭绝的临界数量，面临着灭绝的高风险。插文6详细探讨了预测今后种群数量的方法和估算种群数量增长和下降的方法。

采用这个模式，首先要准确地预测几年内的群体增长率，不然就会有些困难。很多国家没有连续的品种群体增长率的统计数字。而更重要的是，增长率一般不具有固定值，随着时间变化而发生不可预测的变化。例如，由于育种场的利润率以及市场影响到农民是否愿意继续饲养、与其他行业的竞争以及新的管理措施等原因，增长率很可能发生变化。正如在第一章所谈到的，如果没有可靠的品种群体数量数

插文 6
种群规模增长速度及动态

将 N_0 设定为特定时间内某个品种的育种母畜的数量，r 设定为每一年的增值性增长速度（例如，$r=1.01$ 相当于每年的 1% 的增长）。当 $r=1$ 时，种群是稳定的；同样，$r>1$ 和 $r<1$ 时相当于正增长和负增长（下降）。一年之后，新的群体 N_1，与 N_0 相同，乘以 r（即 $N_1=N_0r$）。在 t 年后，N_t 与 N_0 相同乘以 r^t（即 $N_t=N_0r^t$）。下表中的例子描述的是如何估测五年期种群大小的 N_0 和 r 不同值。

五年期生长动态实例：不同初始种群（育种母畜）的数量和增长率

初始群体数量（N_0）	增长率（r）	五年后的数量（N_5）	趋势
250	1.21	648	+
1 000	0.92	659	−
2 000	0.80	655	−

在这三个例子中，初始种群数量的差别是比较大的。但五年后，所有三个群体的数量相同——都拥有了 650 头的育种母畜。这个例子表明，增长率是重要的因素，而是否已经建立或有效执行保护计划是能够影响增长率的。

这个简单的预测模型显示出群体数量增长率是恒定的，几年中变化不大。实际上，小群体比大群体在成活率和繁殖率方面更易受随机变化的影响。无论如何，这一简单模型为制订保护计划提供了重要信息。比如，提供了如果要避免种群的灭绝，我们必须要在什么时候采取什么样的步骤。

据，那么就必须使用常规的畜牧业发展数据来确定动物遗传资源是否受到威胁。采用常规的发展趋势数据很可能是不准确的，所以，我们必须重视对品种的实地调研工作。

除群体数量和发展趋势外，群体分布也会成为危险因素。群体在某个地区过于集中或数量过少都会使品种面临灭绝的风险。另外要考虑的因素是是否存在受到控制的或未受到控制的杂交。在每一个品种进行杂交交配时，品种的种群数量从遗传角度上就会减少 50%，而从保护纯种种群来说，减少的就是一个纯种的个体。

为分析遗传变异流失的危险性，我们必须要搞清楚的是，在代代相传的基因库中，育种群体是随机波动的（遗传漂变），而且取决于被选为下一代亲本的质量。当群体数量小时，波动就会比较大。这一波动过程常常会减小遗传变化，因为这增大了群体中等位基因流失的可能性。在第六章中详细地论述了这个问题。

我们可以应用很多的数据来估测遗传变异。群体（即某个品种）的平均共祖率（通常用"f"来表示）是适于估测遗传变异的。但是，一般使用的数据是近亲系数（通常用"F"来表示）来监测遗传漂变以及所产生的遗传变异的流失。第六章讨论了近亲与共祖率之间的关系，包括近亲和共祖率参数具有差异的例子。另一个常常使用的参数是有效群体大小（N_e），有效群体大小实际上指的是能够显示出的同样数量的随机遗传漂变或者相同近亲数量的理想群体中的育种个体的数量。理想群体是相同数量的公畜和母畜随机交配的群体，这个群体对后代的贡献产生相同的概率，外力很难导致其遗传变异的变化，如突变、迁移和选育。就畜牧业来讲，理想群体主要是理论上的概念，与实际是有差距的。在畜牧群体中，N_e 通常要比实际的群体小，这主要是由于公畜比例要少于母畜、每个动物（特别是公畜）的后代数量以及选育的方法不同所致。每个世代的近亲问题都有所增加，与 N_e：$\Delta F = 1/(2 \times N_e)$ 成反比。所以，较大的 N_e 被认为是比较有利的，与遗传变异联系更紧密，近亲联系较少。

近交率具有可预测的形式，与变异流失有着非常重要的关系：如果 σg^2 是遗传变异，那么每个世代的流失为 $\Delta \sigma g^2 = \Delta F * \sigma g^2$。过多的 ΔF 可能会导致繁殖率和生产性能的降低（这种现象被称为近交衰退，参见插文 31），同时也增加了遗传畸形的发生。Wright 先生（1931）有个很著名的公式，$N_e = (4 \times N_M \times N_F)/(N_M + N_F)$，$N_M$ 为公畜数量，N_F 为母畜数量，对 N_e 作出了简单的估算，并指出了某个特定群体的遗传变异的动态的总体情况。对畜牧业来说，计算 N_e 的其他方法可能更准确，因为 Wright 先生的公式假设了一些前提，而这些前提在牲畜群体中是很难达到要求的。

如果使用了 Wright 公式，可以使用简单的调整系数来解释选育的效果（参见插文 7）。当获得了系谱的资料，就可以使用更为复杂、但更为准确的 N_e 估测方法。Leroy 等（2012）就这些方法进行过探讨。

插文 7

有效群体大小的计算规则

有效群体大小（N_e）指的是在理想群体中的育种个体数量，这个理想群体会显示出同样数量的随机遗传漂变或同样数量的近亲交配情况。现实的牲畜群体与理想群体有着明显的不同，理想群体除其他特征外，公畜和母畜的比例是相当的。在计算 N_e 时，有一些不同的模式，需要考虑各个方面的因素，比如实际群体与理想群体是有差别的。

最简单的模式（Wright，1931）要考虑的因素是，育种公畜数量与育种母畜数量通常是不一致的：$N_e = (4 \times N_M \times N_F)/(N_M + N_F)$，这里 N_M 和 N_F 是用于亲本的育种母畜和育种公畜的数量。由于每个性别的牲畜都传导出一半的遗传信息，性别数量少的牲畜是影响 N_e 的主要因素。

例如：

• 群体 A：5 头育种公畜和 995 头育种母畜，共计 1 000 头育种牲畜。

$$N_e = (4 \times 5 \times 995)/1\ 000 = 19.9$$

• 群体 B：20 头育种公畜和 980 头育种母畜，同样计 1 000 头育种牲畜。

$$N_e = (4 \times 20 \times 980)/1 000 = 78.4$$

由于每个世代的近交率都会有所增加，近交率与 N_e 成反比，$\Delta F = 1/(2N_e)$。虽然两个群体的牲畜数量相同，但群体 A 会产生 ΔF，要比群体 B 大 4 倍。

有必要强调的是，N_e 模式假设的是随机交配，没有采用选育，且每头种畜的后裔差别不大。如果进行了选育，即使是简单的混合选择（即基于表型的选择），Wright 先生的公式过高的估测 N_e 值，最终导致低估了 ΔF 值。考虑到在牲畜的群体中或多或少使用混合选择的方法，建议最好使用 Santiago 和 Caballero（1995）先生的模式进行选择。采用他们的选择方法能够减少 30% 的 N_e 的估测值，（校正的 N_e = 原始 $N_e \times 0.7$）。对前述的例子进行校正：群体 A，$N_e = [(4 \times 5 \times 995)/1 000] \times 0.7 = 13.9$；群体 B，$N_e = [(4 \times 20 \times 980)/1 000] \times 0.7 = 54.9$。

如果使用相关的动物信息来估算育种值（例如，基于动物家族的指数或最优线性无偏预测法——通常缩写为"BLUP"），如果没有采用限制近亲的策略，就应使用小于 0.7 的调整系数。总体上讲，在进行选育时，都应控制和监测近亲问题，这种方法对于规模小的群体，特别是用于保存计划的群体是非常重要的（参见第七章）。

如果没有进行选育，子代数量可能具有较高的随机变异性且能影响到 N_e。这个问题将在第六章中进行详细讨论。

总之，在评估种群危险程度时有两个主要的标准：

1. 种群数量（参数：育种雌性数量）；
2. 遗传标准（参数：N_e）。

当我们对群体进行危险程度分类时，虽然遗传和数量统计参数具有相关性，但这两种标准是互不相关的。

除重视将产生的近亲问题外，还要关注过去一段时间内群体中已经累积的近亲问题。过去较高的 ΔF 与目前群体中较低的遗传变异性一致，导致出现健康和适应能力较差等问题。通过种群数量的演变过程，比如出现的瓶颈问题（种畜数量很少的一段期间）估测出所累积的近亲现状，或者采用标准的技术（如路径分析法和表格法——Falconer 和 Mackay 先生，1996）根据系谱进行计算得出结果。根据系谱估算的近亲系数的可靠性取决于是否具有完整的各代牲畜的历史记录。为使估算具有一定的价值，建议至少采用五个世代的信息资料。

品种处于危险状况是个复杂的问题，是由多种因素（参见第一章）造成的，另外就是缺乏可供使用的预测危险程度的参数。人们曾经提出过各种估测危险程度的数据及较为复杂的程序，有些目前正在使用（参见 Gandini et al，2005；Alderson，2009；Alderson，2010；Boettcher，2010）。粮农组织已经选择了一些简单的数据，人们可以通过多种渠道获取这些数据。运用这些数据，很多国家就可以对牲畜品种的危险程度进行分类（参见本章工作任务 2 中的步骤 1）。如果一个国家保存着更多的相关信息资料，就可以准确地估算出危险程度。但是，我们依然建议，即使拥有较多的资料，也应使用简单的估测值进行计算，这样能够保持与国际上采用的危险程度测算工作相一致。

目标

收集到每一个品种的危险程度的客观资料。

信息来源

- 国家的品种清单（参考第一章工作任务）。
- 品种群体的规模、结构、趋势和地理分布的现存资料。
- 其他国家有关同样或相同的品种的现有资料。
- 粮农组织《动物遗传资源的监测及调查》指南（FAO，2011）。

成果

- 群体规模和趋势以及地理分布。
- 品种清单及这些品种的威胁程度。
- 制订出方法，以便定期更新威胁程度。

工作任务 1：确定群体规模、趋势、分布和杂交活动

步骤 1　审阅已有的种群资料

很多国家没有建立品种调研和常规监测种群规模的正式系统。如果没有这个系统，可以考虑从其他渠道获得数据。FAO《动物遗传资源的监测及调查》指南（FAO，2011）中提到了如何建立这样的系统。

步骤 2　就确定危险程度进行工作分工

确定国家动物遗传资源的危险程度的工作应交给一个具体的单位。这个单位可以是国家动物遗传资源咨询委员会或者是国家咨询委员建立的专门工作小组等相同的机构，或者是其他具有足够的动物遗传资源专业知识的机构。《动物遗传资源的监测及调查》指南（FAO，2011）建议，要建立动物遗传资源调研和监测的策略工作小组。这个小组可以直接开展资料的收集或者监督协调分组开展调研工作。动物遗传资源管理机构的国家协调员应当参加到这个机构中，与他们共同开展工作。在很多情况下，品种的相关信息和专业情况都分散于官方或非官方的育种协会、非政府组织、核心繁育场、育种专家、研究中心和大学里。要对资料的潜在渠道进行梳理，尽可能让更多的包括相关利益方在内的机构开展资料的收集活动。

步骤 3　收集每个品种群体的有关信息

制订详细的计划对于成功地开展动物遗传资源的调研和保证研究质量是非常重要的（FAO，2011）。计划包括应收集资料的准确定义、可靠的信息收集和鉴别的方法、确认合作方、争取资金的支持等。鉴于不同品种资料来源于不同的渠道，在

开始时就应清晰地确定所需要的数据，以便估测出危险程度。这将有利于对不同品种的危险程度估算结果进行比对。

根据粮农组织危险分类方法，估测危险程度所需要的基础数据为：

- 群体总规模或育种母畜的总数量（如果可能，分出注册和非注册的）；
- 种公畜的总数量（如果可能，分出注册和非注册的）；
- 相同品种内已繁育的母畜与公畜的比例，母畜主要用于杂交目的，而不用于数量的更新；
- 群体规模趋势，分类为稳定、减少、增加。尽可能对近年的增长速度进行估算（参见插文 8）；
- 是否开展了保护计划，商业公司或研究机构是否以严格的程序开展种群的保护工作。

其他相关和可能需要的信息为：

- 分布情况，内容为：（a）75％的种群分布半径距离（千米）（Alderson，2009），（b）畜群数量及发展趋势；
- 使用杂交品种作为种畜的基因渗透程度。

如能收集到更多的补充数据，就能够更好地了解形成品种动态的因素，也可以更好地估测出危险程度（参见工作任务 2 中的步骤 2）。这些补充数据包括：

- 注册的育种母畜的数量：作为群体组成部分的注册母畜在选育计划中起到作用，可以在年龄结构上、繁育能力、累积近亲繁殖、配种结构以及与其他品种的基因渗透方面对它们进行监测；
- 每年的注册母畜数量：使用每年注册的后备母畜可以更加准确地估量出群体动态状况，主要是可以反映出育种人员的饲养品种的取向（Sponenberg et al，1995；Alderson，2009）；
- 用于人工授精的公畜数量：使用人工授精技术，公畜对于下一代的贡献是具有高异质性的，加速后代的 ΔF（参见第六章）；
- 存在的选择及选择方式（如混合选择、指数选择、最佳线性无偏预测、最佳贡献选择等）：如果不采用控制近亲的方法，选育在一般情况下是会加速近亲程度（参见第六章和第七章）；
- 存在的过去瓶颈（上一代公畜和母畜的数量是否有严格的限制）：瓶颈一般会产生损耗的遗传变异性，这会影响目前的群体中的遗传变异；
- 是否有积极的育种协会（期望有助于增加品种恢复的能力）；
- 饲养牲畜的农民的平均年龄（可以用于表示牲畜代际相传情况和未来品种动态的早期指标）；
- 农民对牲畜的文化依附（对牲畜的高度文化依附有利于品种的恢复）；
- 与本地区其他品种和/或其他经济活动的经济竞争力（群体的减少与经济竞争力不强有很大关系）；
- 国家及区域间的畜牧业生产趋势；
- 国民生产总值及农业产品的贡献率；

- 国家或区域的经济和政治的稳定性；
- 灾害的威胁，如疫病、干旱、洪灾以及应对这些灾害的应急计划；
- 在其他国家相同品种的存在数量及状况；

总之，用于计算危险程度（FAO分类标准）所需要的基础参数，只是每年每个群体的单个数据。而群体规模趋势则属例外，如果要了解增长率的数值（即不只简单地用增加、稳定和减少表示趋势分类），或如果根据每年群体规模（参见插文8）两次以上的观察结果进行发展趋势估测，就需要进行计算。如果还需要其他的信息，就要对本国的所有品种采用同样的方法进行危险程度分类，以便进行杂交比对。一些参数从本质上讲是不定量的，所以，建议使用分类系统。比如，是否有选育或最近的瓶颈可以分为"有"或者"没有"。牲畜饲养者对牲畜的文化依附可以分为"高""中等"或"低"。

插文 8
群体增长率的估测

群体增长率的估测（r）至少需要对相关品种几年内或在一个世代间隔内进行两次普查。虽然可以在公式中使用其他的数据（如全群规模），但最为重要的数据是育种母畜的数量。

每年增长速度用以下的公式表示：

$$r = \text{anti-log}[(\log N_2 - \log N_1)/t]$$

N_1 和 N_2 是第一次和第二次普查的育种母畜的数量，t 是两次普查的时间间隔。如果有两套普查资料，根据多点数据反映的趋势，可以使用回归分析方法预测 N_1 和 N_2 的值。

实例

数据：第1年＝2 000，N_1＝1 000 育种母畜；第2年＝2008，N_2＝800 育种母畜；t＝8年。

在这个例子中，时间是以年为单位，而不是以遗传单元，比如遗传代数为单位的。以马为例，两次普查结果的时间段包括世代间隔，如以家禽为例，包括8个世代间隔，当然，r 值是不变的。

计算公式：$r = \text{anti-log}[(\log 800 - \log 1\,000)/8] = 0.988$

增长速度 $r < 1$，以育种母畜数量为单位的群体规模呈下降趋势。

根据插文6内容，如果增长速度不发生变化，20年后（2028年）的群体规模可以计算出：$N_{20} = 800 \times (0.988^{20}) = 628$。

正如插文6中所强调的，这一预测假设今后数年内，增长速度是恒定的。如果对发展形势不是很确定（如经济和政治非常不稳定、灾害的威胁很大、畜群代际转移的数量较低、对品种的文化依附性小等），那么，就有必要在今后几年内对群体规模和增长速度进行持续的监测。

在开展保护品种活动的国家应建立相同的系统。最好能够在相邻的国家间建立动物遗传资源国家级咨询委员会。

最后，收集用于确定危险程度的资料需要高额的费用和大量的时间。在计划阶段，就要充分考虑安排足够的人员和资金来开展此项工作（FAO，2011）。

步骤4　分析和解释资料

在收集了资料后，必须要对这些资料进行分析和解读，以便准确地估测品种受到危险的程度，了解和确定影响危险程度的原因。

对资料进行分析前要注意对资料进行编辑和校对，这项工作必须在资料收集后马上开展。资料提供人员应附上详细的说明。一些参数的估测值可以与来源于其他渠道的数据进行对比。比如，在自然交配的种群中，育种公畜的数量逻辑上应当与畜群数量和母畜数量相符合；群体趋势应与以前的估测进行比较；每年注册的母畜总数应与注册的育种母畜的数量相一致。在对数据分析过程中，有可能还需要收集新的资料，以便更好地了解品种动态和危险程度。在《动物遗传资源调研和监测》指南中，详细论述了资料收集和分析的方法（FAO，2011）。

保护动物遗传资源可以采用很多方法，包括保护生物学到社会学和经济学。与专家探讨这些方法可以帮助我们更深刻的了解资料内容以及今后的发展趋势。插文9详细阐述了如何阅读和理解各类资料。

插文9

群体数据分析——实例

下表为假设的实例，主要是说明对数据的分析是可以更清楚地了解品种种群趋势和影响种群动态的因素。

分布在8个畜群的假定的品种

畜群代码	畜群规模（育种母畜数量）	繁殖方式	农场主年龄
A	8	自然	73
B	10	人工授精	70
C	60	人工授精	55
D	15	自然	70
E	175	人工授精	45
F	70	人工授精	40
G	12	自然	66
H	310	人工授精	42

根据原始资料可以对下列数据进行计算：

- 畜群规模：平均值=82.5；标准差=107.8；范围8～310。
- 畜群分布：<50母畜/群（50%），50～100（25%），>100（25%）。

- 农场主年龄：平均值＝57.6；标准差＝13.8；范围＝40～73。
- 畜群规模和农民年龄的相关性＝－0.76。
- 人工授精频率＝62.5％。
- 人工授精频率与畜群规模的比例：＜50 母畜/群，25％；≥50 母畜/群，100％。

分析结果显示，畜群平均规模提供的信息是有限的，这主要是育种母畜在群体中差别较大（标准差＞平均值）。农场主的年龄与畜群规模关系极大，年龄越大，畜群规模越小，这可能只有一个原因可以解释此现象——年纪大的农场主对畜牧业投资很少。人们更应关注畜群小的农场主（50％的畜群只有 15 头母畜，而农场主的年龄都超过 65 岁）的生存状况。

工作任务 2：确定适于保护项目的品种

步骤 1　对品种的威胁程度进行分类

从保护的角度考虑，对某个品种的调查最重要的结果是根据其威胁程度进行分类。这有助于在国际层面上开展对家畜品种多样性的监测工作和保护计划的制订，并对国际上的报告和分析作出贡献（如 FAO，2012）。如上指出的，有限的数据只能用于了解存在的风险，如收集到更多的信息可以对趋势和原因进行精确的分析。

指南中所提到的风险分类系统包括依据标准和阈值，以及 FAO（FAO，2007b）曾使用过的系统和最近的一些新的建议（Gandini et al，2005；Alderson，2009；Alderson，2010）。

分类系统主要是根据 3 个最重要的参数，在前面的段落中有过描述。
- 数值的稀缺性（育种母畜的数量）；
- 近交系数（ΔF）；
- 是否制订了积极的保护计划。

基于育种群体的母畜数量，最好是同品种（即非杂交的）母畜与公畜的交配比例，就可以得到精确的数值稀缺性。如果没有这些资料，可以使用全群规模作为模拟数据。如果可能，对群体增长或下降速度进行估测，或者至少可以了解到总的趋势。

ΔF 是个估测值，是基于育种公畜和母畜的数量得出的结果，这种方法在插文 7 中介绍过。稀少的性别，如群体中的公畜，是影响 N_e 的主要因素。

如果保护计划得到有效实施，就能增加品种的成活率（即减少灭绝的风险）。在风险分类系统中，还包括列入保护品种（急需保护和濒危保护）的子分类。这个子分类对于在全球范围内开展动物遗传资源多样性的准确监测是非常重要的。

上述列出的 3 个参数可以归类到 6 个分类（和 2 个子分类），以危险程度顺序排列为：
- 灭绝的；
- 只需低温保存的；

- 急需保护的（包括急需保护的子分类）；
- 濒危的（包括濒危保护的子分类）；
- 易危的；
- 尚未处于危险状态的。

除上述分类外，还有第 7 个分类。可以将尚未提交到 DAD-IS 中相关种群数据的品种归到第 7 个类别中。已经归类到急需保护的、濒危的或易危的品种被认为面临着灭绝的危险，应列入保护计划中。

在对动物风险程度进行分类时，从最坏的角度出发，尽可能将品种归到最高的风险类别中。例如，一个品种中的母畜数量非常少，显示出可以归到急需保护类，即使有足够的公畜显示出可以归到濒危类，那么也需要归到急需保护类。但一个品种不能归到两个类别中。

物种在繁殖性能上的区别是非常大的，这是根据每头母畜一生中所生产的种母畜的数量决定的。即使普查群体规模是相等的，但繁殖性能低的物种（如马）比繁殖性能高的物种（如猪）面临着更大的威胁，这主要是由于繁殖性能低的物种要从数量衰减中得到恢复需要更长的时间，也需要多代的繁育。例如，一头母猪每胎可以生产 10 头或更多的仔猪，每年可以生产数胎，猪的群体数量在一年内就会很容易地超过普查规模数量的两倍；而对于马的群体来说，则需要数年的过程。

当对品种进行危险程度分类时，为简单起见，粮农组织并没有在不同的物种中使用不同的阈值（FAO，1998，2007b）。在这些指南中，对这个类型进行了细化，以更简单的形式进行介绍。物种被分为两组。第一组物种的生产性能高，如猪、兔、天竺鼠和禽鸟类，第二组物种的生产性能较低，如牛科、马科、骆驼科和鹿科。正如上述描述的原因，生产性能低的一组育种母畜数量和群体规模的阈值要比生产性能高的一组的阈值要高 3 倍（这适用于所有的危险程度分类）（Alderson，2010）。由于物种的繁殖能力主要由母畜的繁殖能力决定，公畜数量的阈值（即 ΔF）对所有的物种来说都是一样的。表 2 是 DAD-IS 记录的所有物种的繁殖性能分类的信息。

表 2　DAD-IS 记录的牲畜物种的繁殖性能

高繁殖性能动物		低繁殖性能动物	
食火鸡	鸡	羊驼	驴
智利斑	犬	双峰驼	水牛
鸭[*]	鸸鹋	牛	鹿
鹅	珍珠鸡	单峰骆驼	山羊
天竺鼠	野狼	骆马	马
鸵鸟	松鸡	美洲驼	绵羊
孔雀	野鸡	小羊驼	牦牛
猪	鸽		
鹌鹑	兔		
燕子	火鸡		

[*] 包括家养和美洲家鸭。

危险程度可以按如下分类：

灭绝的。当 某个品种的育种公畜或育种母畜已经不存在或低温保存的遗传物质非常紧缺，难以重建品种时，就可以归类为灭绝的。

只需低温保存的。已经没有存活的公畜和母畜，但依然保存着大量的低温冷冻物质，依然可以用这些材料重建品种，可以归类为仅有低温保存的。要重建已经濒危的品种取决于保存的种质数量及类型。不同物种需要不同的条件。在 FAO 动物遗传资源低温保存的指南（FAO，2012）中，对"足够的低温保存材料"有详细的指导性说明。

极度危险的。如果有下列情况，就可归类为**极度危险的**品种：

- 育种母畜的总体数量少于或等于 100 头（生产性能低的物种有 300 头）；
- 总群体规模少于或相当于 80（240）头，群体呈上升趋势，同品种的母畜与公畜的比例要大于 80%（杂交育种等于或低于 20%）；
- 总群体规模少于或等于 120（360）头，群体趋势为稳定或减少；
- 育种公畜总数量少于或等于 5 头（ΔF 为 3% 或大于该比例）。

如果不了解种群的发展趋势，可以假设为稳定。

如果从数量上显示出品种处于临界濒危灭绝，而且已有保护计划（包括低温冷冻保存）或者受到商业公司或研究机构的保护，在上报时，可以定性为"极度危险"。

濒危的。如果有下述情况，品种就可以归为濒危：

- 育种母畜总体数量大于 100 头（低繁育性能的物种 300）或少于或等于 1 000（3 000）头；
- 群体总数量规模大于 80（240）头或少于 800（2 400）头并且群体规模在增加，同品种的母畜与公畜的的比例在 80% 以上；
- 群体总数量规模大于 120（360）头，少于或等于 1 200（3 600）头，发展趋势为稳定或正在减少；
- 育种公畜的群体总数量少于或等于 20 或大于 5（ΔF 为 1%～3%）。

同样，如果不了解群体发展趋势，可以假设为稳定。

如果有积极的保护计划或者商业公司、研究机构具有保护种群计划，那么濒危品种就可以归类为子分类"濒危保护"。

易危的。如果有下列情况，品种可以归类为易危的：

- 育种母畜的总数量为 1 000～2 000（繁殖性能较低的物种为 3 000～6 000）头；
- 总群体规模大于 800（2 400）头，少于或等于 1 600（4 800）头，处于增加趋势，同类品种的母畜与公畜的比例大于 80%；
- 总群体规模大于 1 200（3 600）头，少于或等于 2 400（7 200）头，但是稳定或减少；
- 育种公畜总数量在 20～35 头（ΔF 在 0.5%～1%）。

未报告的群体趋势为稳定。

尚未处于危险状态的。如果种群现状是未知数，或品种没有被归类于急需保

护、濒危（包括子分类）和易危类别中，品种就可以列入尚未处于危险状态类别。除此之外，即使不知道准确的群体规模，只要充分了解群体规模超过易危的阈值，品种也可以被认为尚未处于危险状态的。为能准确地将品种纳入到尚未处于危险状态（而不是归类为未知）分类中，如果有些国家没有正式的统计资料，可以向DAD-IS输入估测的群体规模。无论如何，我们还是建议要开展调研以获取准确的种群数量的估测值（FAO，2011b）。

未知。这项分类很明确而且需要付诸行动。种群调研是需要的，品种可以分类为急需、濒危和易危的。

表3用图表表示出危险分类系统，是育种年龄母畜的数量、公畜数量以及物种繁殖性能的函数。需要注意的是，在每种情况下，最有利的参数的低值都足以把品种归为面临较高的风险。例如，如果群体内只有5头公畜，即使育种母畜超过6 000头，这个品种也可归类为急需保护的品种。

表3　根据物种繁殖性能进行危险分类

繁殖性能		育种母畜（n）						
	公畜（n）	≤100	101~300	301~1 000	1 001~2 000	2 001~3 000	3 001~6 000	>6 000
高*	≤5							
	6~20							
	21~35							
	>35							
低**	≤5							
	6~20							
	21~35							
	>35							

■=极度危险　　　■=濒危　　　■=易危　　　■=尚未处于危险状态

* 高繁殖性能物种＝猪、兔、荷兰猪、犬和所有禽类。
** 低繁殖性能物种＝马、驴、牛、牦牛、水牛、鹿、羊、山羊和骆驼科。

表4和表5与表3有所相同。但显示出的是在进行危险分类时，使用的是全群的数量，而没有使用育种母畜的数量，以及种群趋势和同品种内的母畜与公畜交配的比例。表4介绍了高繁殖性能种群的数字，表5介绍了低繁育性能物种的数字。

步骤2　对危险程度进行精确分类

表3和表5中的DAD-IS中品种危险分类的阈值在全球范围内广泛应用。这些方法可以在国家层面慎重使用，是一个国家对品种进行危险分类时的基础，这个基础可以促进更多信息的收集和品种的监测。对同类的品种进行相似性的研究也可以有助于确定目前和将来的动物遗传资源危险程度的原因。但是，对于所使用的阈值要有所选择。比如，简单的假设种群中有1 000头母畜（>3 000 繁殖性能低的物种）和15头公畜不属于濒危类别是非常危险的。历史上的瓶颈或不相称的交配和

选育系统很可能会导致种群中的平均关系，且 ΔF 要比根据育种公畜和母畜的数量预测的要大。在这种情况下，要像重视品种威胁程度分类一样重视这项工作。解决这个问题的方法就是通过使用非常精确的方法（参见第六章）计算 ΔF，根据 DAD-IS 的风险分类系统中的 ΔF 标准对品种进行分类，而不是用公畜的数量进行分类。

表 4 高繁殖性能物种危险分类 *

种群趋势和纯种比例		种群大小（n）						
	公畜（n）	≤80	81～120	121～800	801～1 200	1 201～1 600	1 601～2 400	>2 400
递增趋势及纯种 >80%	≤5							
	6～20							
	21～35							
	>35							
稳定或递减趋势或纯种率 ≤80%	≤5							
	6～20							
	21～35							
	>35							

■ =极度危险 ■ =濒危 ■ =易危 ■ =尚未处于危险状态

* 高繁殖性能物种＝猪、兔、荷兰猪、犬和所有禽类。

表 5 低繁殖性能物种危险分类 *

种群趋势和纯种比例		种群大小（n）						
	公畜（n）	≤240	241～360	361～2 400	2 401～3 600	3 601～4 800	4 801～7 200	>7 200
递增趋势及纯种 >80%	≤5							
	6～20							
	21～35							
	>35							
稳定或递减趋势或纯种率 ≤80%	≤5							
	6～20							
	21～35							
	>35							

■ =极度危险 ■ =濒危 ■ =易危 ■ =尚未处于危险状态

* 低繁殖性能物种＝马、驴、牛、牦牛、水牛、鹿、羊、山羊和骆驼科。

在进行精确的 DAD-IS 风险分类时要考虑的因素：
- 当使用育种母畜数量作为种群规模数据时，在 DAD-IS 风险程度分类时可以不考虑种群趋势。作为国家级的育种管理，更为有益的方法是根据未来 10 年的预测群体数量进行种群增长和风险分类。

- 如果将种群的主要部分集中于有限的地理区域内或集中在几个群体中，在遇到灾害性事件（这些事件虽然不可能经常发生，但会影响受灾地区的牲畜群体的数量），如疫病暴发、自然灾害和政治动乱时会产生严重的后果。当预料到这些事件会发生时，就应提高过于集中的群体的威胁程度等级（如易危的提高到濒危等级）。英国已经采用了这个办法（Alderson，2009）。在这种情况下，如果有 75％的群体处于半径 12.5 千米以内，品种就应确定为急需保护类。如果 75％或更多的品种群体处于 25 千米以内（不应视为急需保护类），可以归为濒危类。

- 在以育种母畜数量作为群体规模标准时，虽然 DAD-IS 危险分类系统没有考虑纯种母畜的比例，也应对杂交育种的比例进行计算。用于杂交的母畜对于种群更新不起任何作用。另外，还要注意其他品种对种群中母畜和公畜基因渗透程度（如果使用杂交后代进行交配，而不是简单地进行市场销售，参见第七章）。持续的杂交育种和其他品种的遗传基因渗透会造成种群的原始基因的退化。当每代的基因渗透水平分别为 12.5％、7.5％和 2.5％时，就可根据这些阈值，将其划归为急需保护的、濒危和易危类别中（Alderson，2010）。为简便起见，在这些指南中没有把这些因素作为危险标准来考虑。但是，作为国家层面的计划时，应给予重视。

- 在讨论遗传方面危险时（如 ΔF），世代是以时间单位来表示的。种群的基因变化从父母代传到后代时就产生了。ΔF 是非常低的，完全可以避免产生有害的等位基因（如遗传缺陷和近交衰退——Meuwissen 和 Woolliams，1994）和避免长期的累积。但是，在制订保护计划时，有必要考虑长期的计划和结果。为解释这个问题，可以把每代 ΔF 转换成年速度，将 ΔF 分成平均世代间隔（以年计）。各个不同物种和育种系统有着不同的世代间隔。主要的牲畜物种平均世代间隔大致为：
  —禽类至少 1 年；
  —猪 1~2 年；
  —绵羊和山羊 4 年；
  —牛、水牛和美洲驼 6 年；
  —马、驴和骆驼 8 年。

- 世代间隔的差距意味着每代具有同样 ΔF 的种群，虽然物种不同，在一定的时间内都会产生不同程度的近交。例如，具有 ΔF 1％的生猪种群（世代间隔为 2 年）在 30 年内近交会累积到 15％，而在同样时间内，牛的种群（世代间隔为 6 年）会累积到 5％的同系繁殖。虽然世代间隔不会在任何时间段内影响危险程度，但在制订保护计划时，特别是不能在短时间内使种群摆脱临界阈值和濒临灭绝的阈值（比如在开展异地保护时缺乏足够的饲养设施）的情况下，必须要给予重视。在这种情况下，避免近交（参见第六章）的育种方法是非常重要的。

- 在拥有了足够多的信息的时候，特别是在某个品种已经处在危险分类的边缘

时，有必要作进一步的分析，以便更多的了解品种的危险程度，了解危险程度的原因以及制订如何保护的计划。例如，根据人工授精和全群中注册的母畜和公畜的数量（每一年的趋势）就可以估测出种群及近交的危险程度。历史瓶颈的谱系数据和信息将产生遗传变异的信息。

- 如上所说，应根据最有利的参数对种群的危险程度进行分类，即：如果一个数据显示出高危险程度，即使其他的数据符合较低风险程度，这个品种也应归类为面临高风险。比如，一个种群，包括几百头母畜和非常有限的数量的公畜是常见的。例如，某个品种的种群有 3 400 头母牛，群体规模比较稳定，使用 5 头公牛进行人工授精。根据公畜的数量情况，即使母畜的数量为易危类的，这个种群也应归为极度危险类。在这种情况下，有必要强调的是，由于管理不佳，这个品种处于高风险状态。如果把公畜头数由 4 头增加到 25 头，这个品种就可以归为易危类。

步骤 3　解读危险分类结果和对每个品种的影响

表 6 是与不同的危险程度相关的遗传和数量影响：危险分类越高，遗传和数量统计学的影响就越大，急需实施保护计划（参见第三章）。如果危险分类程度高，由于近交衰退和等位基因的流失，品种面临的多样性损失就越大，加上随机事件，如疫病暴发、自然灾害和低繁殖率或者后代的公母比例不合理等都会造成灭绝的危险。

表 6　与危险分类相关的遗传及群体统计影响

威胁分类	遗传影响		人口统计学影响
	多样性损失	遗传缺陷	随机事件敏感性
极度危险的	++++	++++	+++
濒危的	+++	++	+
易危的	++	+	
尚未处于危险状态	+	+	

注：正数与严重的负面影响成正比。

需要注意的是，即使没有归类到处于危险的种群也是会产生遗传多样性损失并呈现有害等位基因。但是，比起受到危险程度较大的品种，这种状况发生的强度是有限的。

危险分类的备选方法。 正如上面所说，建议并已经使用不同的办法来估测危险程度并根据危险程度对品种进行分类（参见 Gandini et al，2005；Alderson，2009；Alderson 2010；Boettcher et al，2010）。有些方法强调种群统计学（如欧盟条例 445/2002）[18]，其他的如欧洲动物科学联合会则强调根据 N_e 估测值得出的遗传衰退。当一些国家拥有很多的资料时，根据粮农组织系统进行品种分类时，他们会希望制订出全国统一的标准和危险分类阈值。如果这些国家制订自己的方法，需要

---

[18]　http：//eur-lex. europa. eu/LexUriServ/LexUriServ. do？uri＝CELEX：32002R0445：EN：NOT

强调的是，应根据总的种群统计学和遗传原则，尽量使用与其他地区广泛使用的相同办法，这会有助于全球范围内对危险程度进行比较。

也可以制订出区域性的危险标准，但要考虑区域内各个国家的资料拥有情况。比如，欧洲家畜生物多样性信息系统使用的欧洲跨境品种分类等标准。具体到在多个国家中饲养的品种，应该首先计算出在一个国家的危险程度。然后与饲养同样品种的国家一起进行区域性甚至全球性的计算和估测。DAD-IS不仅提供了跨境品种国家种群的危险程度，同时也提供了全球的危险程度的计算结果。如果国家的种群由于数量少而面临威胁，各国要联合并视各国的种群为一个单一的种群。尤其要对急需保护和濒危的种群制订并实施统一的管理计划，以便控制和减少威胁程度。

种群规模和品种的使用。上述的分类系统的基础是种群的数量，目的是减少遗传退化和减少灭绝危险。实际上，为保证完成育种功能的需要——这些功能包括文化、环境或社会服务或开发市场的需要（参见第八章），可能需要的种群规模更大些。除此之外，较大规模的种群也可以将遗传选育范围扩大并与保护遗传多样性相结合（参见第七章）。

由于粮农组织使用的分类系统主要用于估测遗传退化和灭绝的危险，而不是用于估测品种对国家或地区的需求和目标，所以我们并不建议该方法适用于品种补贴项目。

步骤4　向利益相关方宣传品种危险程度

危险程度使我们能够清楚地知道，在一个品种灭绝前，我们还有多少时间制订保护计划并付诸实施。所以，当了解到品种的危险程度时，非常有必要向所有的利益相关方沟通信息并付诸行动。《动物遗传资源调研和监测》（FAO，2011）指南中说明了如何报告和沟通信息的具体方法，阐明了如何向相关利益方提供他们所需要的信息。对如何筛选合适的信息和沟通方法也提供了咨询。

有效的宣传品种的危险程度的信息还可以引起政策决策者和普通大众的意识。可以有助于支持品种保护活动的资金筹集工作。在国家层面上可以采用的一个方法是制订并出版"红色"名录来记录灭绝危险的物种。

虽然在国家层面上信息宣传非常重要，但在国际层面上交流危险程度的信息也是非常重要的。国家协调员应该保证将所有的全国品种种群资料输入到DAD-IS，或输入到（对欧洲国家来说）欧洲动物科学联合会的信息网络内。同时也要向国家主管部门和国际合作方汇报在种群监测和信息传播的过程中遇到的困难，以便在计划阶段和随后的工作中解决这些问题。

工作任务3：设计并实施干预办法

不同的危险类别需要不同的保护措施。除实施正式的选育计划有所不同外（不建议在小种群中实施），对所有的危险程度的类别应采取大同小异的方法。但是，对每一个危险类别的品种迫切性和重要性则应有所区别。在设计干预措施时，要首先考虑的是国家的畜牧业发展目标、可利用的资源和技术能力以及利益相关方，特别是畜牧养殖人员的需求和希望上。

步骤1 确定合适的保护措施

表7概要的描述了每一个危险类别的四种不同的干预措施的要点——扩大种群规模、管理多样性、繁殖性能选育和低温冷冻保存等。

表7 根据危险程度制订的种群管理目标的相对重要性

威胁类别	扩大种群规模	多样性管理	繁殖选育	低温保存
极度危险的	+++	++	—	+++
濒危的	++	+++		++
易危的	+	+	+++	+
尚未处于危险状态		+	+++	

注意：数量越大（+），目标越重要，负数表示应停止活动。没有符号表示可以开展活动，但要与其他的因素相平衡，如费用等。

被归类为极度危险的种群已经流失了它们原有的遗传变异主要部分，需要得到非常重视。两个基本的需求是：①确定种群的遗传状况［如果累积近交系数和（或）其他品种的基因渗入］；②估测从极度危险状态到恢复品种的可能性。如果认为可以恢复，工作的重点应放在品种规模的普查上，同时要通过合理交配控制近亲。在这样的种群中，扩大普查种群规模是第一个目标。这就意味着，如果可能的话，所有的牲畜，即使这些牲畜与种群中其他牲畜有紧密关系，也应保留在活跃的育种种群中。也可以使用先进的繁殖技术，如超数排卵和胚胎移植技术等。扩大品种普查规模有利于增加 N_e。如果可能，应用冷冻精液和胚胎，保证品种短期内不受到损失，长期内改善遗传变异的管理。生产性能的选育是较难实现的，这也与种群规模增加和遗传变异相矛盾。

对于濒危的种群来说，干预措施的目的是防止危险状况不要进一步下滑到极度危险类别中。在经过努力并改进状况后，要列入易危类中。重点应放在增加 N_e 以及增加普查种群规模上。相比较急需保护的品种，濒危品种更有机遇，如在种群扩大工作中以特定的动物作为重点来控制遗传多样性，即重点放在与种群中的其他动物关系不大的个体牲畜上（参见第六章）。与生产性能选育相比，增加遗传变异和种群规模更为重要，随着种群接近易危类别时，可以在公畜中实施生产性能的选育。建议采用低温冷冻保存方法作为活体保存的补充。

易危的种群应得到及时管控，防止衰退到濒危的类别中，如果这样，生产性能的选育就是非常重要的了，当然同时要考虑遗传多样性的保护问题（参见第七章）。应对易危种群进行持续的监测，以便更清楚地了解影响品种生存能力的原因。如果条件允许，应该实施提高品种经济竞争能力的计划（参见第八章）。为防止易危品种退化到更危险的程度最好要采取补救措施。要对易危的种群实施遗传改良计划，在保护大量的 N_e（即至少50）的同时，也要实施增加种群规模的计划。虽然低温冷冻保存的重要性不如急需保护的、濒危的品种那么重要，但我们还是建议，如果能够与常规的人工授精计划相结合，最好将易危品种的遗传材料存放在基因库内。

在表7中没有显示"+"的栏目并不表示相关的活动不具相关性。例如，增加种群规模普查是可以实现的，即使是对尚未处于危险的品种也是可以实现的。但是，对于这些品种来说并不是管控计划的重点，也不应对已处于危险的资源形成竞争。对任何品种来说，以改进利润率为目的的生产性能选育工作是可行的，但对于极度危险和濒危的种群来说，就不太可行，这有可能损害遗传变异。低温保存永远都是非常有益的，特别是当灭绝危险性增大时，收益就会大大超过成本。

虽然没有在表 7 中显示，对那些归类为"未知"的种群也不应忽视。需要对这些品种进行风险程度的分析，且应立即组织开展品种的调研工作。

步骤 2　实施保护措施

在提出了干预措施后，就应及时并有效地开展工作。在第四章和第八章中分别介绍了如何提出干预措施的详细建议。

工作任务 4：对危险状况进行监测

全球的畜牧业生产系统正在发生变化。这种变化在短期内会影响种群演变趋势及遗传状况。所以，任何国家都应建立定期的更新品种危险程度的方法，建立早期预警和信息系统，以监测自然界的变化对动物遗传资源多样性的影响和主要威胁。特别是在使用人工授精的地区，应严格监测杂交育种活动和公畜数量以及在育种中的使用。有效的监测和对种群资料的分析是及时贯彻保护措施的前提。

随着新的技术产生和生产方式变化，用于调研动物遗传资源以及分析所面临风险的方法是会发生变化的。在这种情况下，使用新的方法时必须进行谨慎分析，以便保证新系统资料和以前的系统资料保持一致。如要了解更多的有关制订国家级动物遗传资源的监测策略建议和信息，请参见 2011 年粮农组织有关资料。

参考文献

Alderson, L. 2009. Breeds at risk: definition and measurement of the factors which determine endangerment. *Livestock Science*, 123: 23 - 27.

Alderson, L. 2010. Report from the seminar "Native breeds at risk, criteria and classification" London 2010 (available at http://www. ela-europe. org/ELA% 20teksten/home/breeds% 20at%20rosl. pdf).

Boettcher, PJ, Tixier-Boichard, M. , Toro, M. A. , et al. 2010. Objectives, criteria and methods for using molecular genetic data in priority setting for conservation of animal genetic resources. *Animal Genetics*, 41: 64 - 76.

CBD. 1992. Convention on Biological Diversity. Montreal (available at http://www. cbd. int/convention).

Falconer, D. S. , Mackay, T. F. C. 1996. Introduction to quantitative genetics. Fourth edition. Harlow, UK, Addison Wesley Longman.

FAO. 1998. Secondary guidelines: management of small populations at risk. Rome (available at http://www. fao. org/ag/againfo/programmes/es/lead/toolbox/Indust/sml-popn. pdf).

FAO. 2007a. Global Plan of Action for Animal Genetic Resources and the Interlaken Declaration. Rome (available at ftp://ftp. fao. org/docrep/fao/010/a1404e/a1404e00. pdf).

FAO. 2007b. The State of the World's Animal Genetic Resources for Food and Agriculture, edited by B. Rischkowsky, D. Pilling. Rome (available at www. fao. org/docrep/010/a1250e/a1250e00. htm).

FAO. 2011. Surveying and monitoring of animal genetic resources. FAO Animal Production and Health Guidelines. No. 7. Rome (available at www. fao. org/docrep/014/ba0055e/ba0055e00. pdf).

FAO. 2012. Status and trends of animal genetic resources-2012. Intergovernmental Technical Working Group on Animal Genetic Resources for Food and Agriculture, Rome, 24 - 26 October, 2012 (CGRFA/WG-AnGR-7/12/Inf. 4) . Rome (available at http://www. fao. org/docrep/ meeting/026/ME570e. pdf).

Gandini, G. , Ollivier, L. , Danell, B. , et al. 2005. Criteria to assess the degree of endangerment of livestock breeds in Europe. 2005. *Livestock Production Science*, 91: 173 - 182.

Leroy, G. , Mary-Huard, T. , Verrier, E. , et al. 2012. Methods to estimate effective population size using pedigree data: Examples in dog, sheep, cattle and horse. *Genetics Selection Evolution*, 45 : 1 (available at http://www. gsejournal. org/ content/pdf/1297 - 9686 - 45 - 1. pdf).

Meuwissen, T. H. E. , Woolliams, J. A. 1994. Effective size of livestock populations to prevent decline of fitness. *Theoretical Applied Genetics*, 89: 1019 - 1026.

Santiago, E. , Caballero, A. 1995. Effective size of populations under selection. *Genetics*, 139: 1013 - 1030.

Sponenberg, D. P. , Christman, C. J. 1995. A conservation breeding handbook. Pittsboro, USA, The American Livestock Breeds Conservancy.

Wright, S. 1931. Evolution in Mendelian populations. *Genetics*, 16: 97 - 159.

第三章

确认品种的保护价值

综述

在完成了第二章的工作任务后，一个国家就充分了解了每个畜牧品种所处的危险状况。应考虑对所有受到威胁的品种进行保护。最好为每个受到威胁的品种制订保护计划。但是，对有些国家来说，如对所有的品种进行保护，需要较多的费用，筹集起来也很困难。根据保护计划的目标，要对所有的品种进行保护似乎也不是很明智。一些品种，不论是从目前还是长期角度看，可能不具有特殊或值得保护的价值（如没有历史和文化价值等）。还有一些其他情况，如有些品种从遗传角度上讲具有同样性，这也就意味着通过保护品种中很小部分就可以达到保存种群中的大部分遗传多样性，或者通过将具有同类性较强的种群进行综合保护就可以达到保护的目的。很多国家要对如何使用现有的资源和保护什么样的品种进行决策。

在如何对优选品种进行保护方面已经有很多的借鉴方案。这些方案在信息和资料方面差别很大，在复杂性和准确性方面也有较大的差别。所以本章分为两个部分：第一部分介绍的是简单的方案，第二部分介绍的是较复杂的方案。特别是在第二部分中说明了使用遗传标记来估测遗传变异的方法，而在第一部分中只谈到了不需使用遗传标记的技术。在阅读这些章节的时候，人们会感觉到复杂性会有所增加，也会感觉到开展工作需要更多的资料。

在选择使用优化方法时，一些国家要首先考虑从事这项工作需要精准，并要考虑是否具备实施优化法的能力。在有些情况下，国家咨询委员会要与当地的研究人员和专家共同实施优化法。对一些国家来说，由于缺乏分子基因数据或者技术能力，实施这项较为复杂的工作是有困难的。如果出现这种情况，在分章节中谈到的简单的方法就是非常实用的。但是，在制定国家战略和动物遗传资源活动计划时，应充分重视表型和分子遗传学特性，这会有助于保证优化法的准确性。

重视危险状况也要重要重视其他因素

理由

在确定一个品种是否应得到保护时，首先要考虑其危险状况，这是最重要的标准。一个简单的办法就是，将品种按照危险状况进行排列，受到威胁程度的品种就应得到优先的保护。当然，还有一些其他因素对品种的保护价值有着影响，一些国家是需要给予充分考虑的。影响品种优先保护的因素包括以下方面（Ruane，2000）：

物种

总体上讲，从经济和文化角度上对于一个国家非常重要的品种是值得优先保护的。除此之外，在那些动物驯养的发源地，特别是还拥有着世界其他地区不常见的物种的国家，对这些物种要实施优先保护的政策。例如，在秘鲁，羊驼就具有非常高的保护价值。

另外，实用的角度也是影响物种保护的优先次序的因素。对小动物，如家禽、兔，甚至小型反刍动物的活体保护计划比起保护大型动物（如牛、马等）费用要少得多。所以，如果其他的因素（如经济和文化等）相同，小型物种是应得到优先保护的，因为利用每个资源单位可以对更多的品种进行保护。从另一方面讲，大型动物以动物单位来说具有更高的价值。

为品种优先保护（见下文）所制订的规程是客观的，但只适用于相同物种，不适用于不同的物种。

品种的遗传多样性

正如上述所说，保护遗传多样性在保护动物遗传资源工作中是个非常重要的任务。在制定保护政策时，要考虑遗传多样性的两个问题：

- **品种的遗传特性。**保护具有遗传特征的品种在国家级的保护计划中应为重要的优先项目。处于危险中的品种互相之间有着差别，与尚未处于危险的品种也有差别，常常具有等位基因和基因组合（参见插文 10），所以具有遗传保护的价值。全面了解某一个品种的基因历史会有助于确定其独特性。

- **品种内的遗传变异。**遗传变异能够使动物遗传资源产生适应能力并对选育产生遗传反应。从遗传角度上保护各类品种是保护特定物种多样性的一种最有效的办法。

品种表型特征

- **重要经济性状。**很显然，如果一个品种具有特殊的经济生产性能，很可能是由于本身具有优秀的遗传特性。所以，在开展品种保护计划时，要考虑保护这些基因。应当考虑目前和今后潜在的某种特性。当然，经济价值较高的品种是很难受到威胁的。农业经济学家已经提出了辨识动物遗传资源价值的方法，该方法也适用于辨识其他类型的资源（参见插文 12）。这种方法可以容易地比较出可立即销售（如牛奶或肉类生产）和不能立即销售（如遗传变异）的属性。

插文 10

独特的等位基因让智利的阿劳肯鸡生产天然的"复活节彩蛋"

在很多奉行基督教的国家，有一项传统的节日活动就是寻找复活节彩蛋。孩子们在公园和花园里寻找据说由神兔藏匿的彩蛋。然而，就有一种鸡可以常年生产彩色的蛋，且完全是自然的过程。

阿劳肯母鸡是智利的鸡品种。具有特殊的表型特性，带着"耳环"（从脖子一直延伸到耳朵的笔直的羽毛），生产蓝壳的蛋。这些羽毛生长的原因是染色体中基因 Et 和基因 O 等位基因造成的，是这个物种的特殊性。阿劳肯母鸡在当地还以其适应当地环境而闻名，耐高温，抗病性强。蛋及产蛋鸡价格非常高，比商业品种鸡的价格高出两倍。这个品种与智利土著的马普切人有关。马普切人通常在传统仪式上使用这种鸡，而且是散养。目前，智利政府和其他的相关利益方已经制订了计划，包括对阿劳肯鸡遗传材料的保护，以及如何让当地土著人更好的使用这个品种。

由 Ignacio Garcia Leon 和 Pascalle Renee Ziomi Smith 等提供。

- **独特性状。**具有特殊的习性、生理特性或体态特性的品种应优先受到保护，因为这些特性具有遗传基础并与独特的等位基因相关联（参见插文 11）。

插文 11

抗马蝇的哥伦比亚布兰科黑耳白牛

布兰哥黑耳白牛是哥伦比亚克里奥人饲养的牛品种，特征为白身和黑耳。该品种起源于 15 世纪，由西班牙征服者带到此地，并在安第斯山脉的中部丘陵地区培育，这个地方也盛产咖啡。该区域内有种地方病叫马蝇（*Dermatobia hominis*，西班牙语称"nuche"），一种在牛皮肤中存在的寄生虫。马蝇感染能够造成重大的经济损失，不仅由于幼虫在牛皮肤中移动造成对牛皮的损毁，也由于幼虫一旦进入牛皮直到其死亡始终会对牛体造成损害，这种损害会形成继发感染和疼痛，使牛的体重大幅下降。哥伦比亚的安蒂奥基亚省的 El Nus 研究站，自 1948 年以来对牛与马蝇的相互之间的关系进行了很多的研究。研究表明，没有受到寄生感染的动物后代（即显示的抗虫性）具有耐虫性。研究人员得出结论，这种抗虫性具有遗传族源，很可能是由一种或几种基因以非附加的方式活动所控制的。由于这些基因的存在，布兰哥黑耳白牛成为了哥伦比亚地区畜牧业生产中有重要价值的遗传资源，也成了其他有马蝇疫病国家的重要的遗传资源。

由 German Martinez Correal 先生提供。

- **对特定环境的适应性。**品种对特定环境的适应性很可能是受到遗传控制的。所以，对具有适应当地环境的品种进行保护是非常重要的。考虑到今后品种生存的环境（如在气候变化的条件下，气候会变暖）越来越具有普遍性，对环境的适应性就显得尤为重要。

品种对文化或历史的价值

从某种程度上讲，动物品种是由于人类的干预而形成的，所以，可以视为某地区或部分人群的文化和历史的传承，经过数代相传而且还将继续传承（Ruane，2000）。对于那些具有较大文化价值的品种应给予优先的保护。在世界很多地区，历经数世纪的传统放牧区创立或保存了具有生物多样性的农业生态系统。同样，很多地区都变成了传统的农耕模式。适应当地环境的动物品种、传统农耕模式以及自然环境协同进化形成了目前的结果，只要这些品种和生产模式得到保护，就可以保持其特性，并且依然丰富多彩。比如，放牧牲畜保持着高山草甸的显著特征。动物品种在保护特殊的生态系统中发挥的作用使我们首先要考虑制订保护品种的计划。有多种方法估测品种的文化价值（Gandini et al，2003；Simianer et al，2003）。

保护品种工作成功的概率

将品种按优先次序进行保护的主要原因是要保证有限的资源用于最广的范围。在进行优先排序时，保护品种首先要考虑的是今后的可持续性。要考虑的因素有：是否建立了育种协会、是否统一组织记录数据、精液的存储设施、育种场之间的合作等。如具备了这些因素就可以显示出，只要有很少的外部援助和支持，品种就能够存活下去。另一方面，处于急需保护的品种，种群数量减少到只有几头（除冷冻胚胎外再没有其他资源），不论采用什么干预的手段，也不可能恢复到拥有庞大和多样化的基因库。

区域性的品种状况

如果只针对当地的品种开展保护计划，由于只需考虑上述条件，优先顺序的排列就会非常的容易。但对跨境的品种进行保护时，就会变得较为复杂。这些品种在一些国家中受到威胁，而在另一些国家未受到威胁，或者从区域角度上看没有受到威胁。虽然 DAD-IS 对全球的跨境品种的危险程度进行分类，但这只是一种估测值。相关国家应开展合作以便为每一个跨境品种建立起明确的风险程度分类。

对跨境的品种来说，假设一个国家没有对某个品种进行优先保护，而另一个国家对某个品种进行了保护。其结果就会形成没有任何国家保护这些品种的危险。最好的方法是建立一个区域性的优先品种保护计划。同样，可以建立一个全球性的保护计划，对受到威胁的国际跨境品种进行保护。

目标

根据非种群数量确定每个品种的保护价值。

信息来源

- 处于危险的品种清单。
- 收集影响保护价值因素的信息来源（包括利益相关方）。

成果

- 影响每个品种保护价值因素的信息。
- 依据保护价值将品种进行优先排位分类。

工作任务 1：根据非种群数量因素确定优先保护的品种

步骤 1 确定品种保护优先排序的负责人员

为保证具有清晰和明确的决策，确定品种的保护价值的责任必须落实到一个具体的单位。这个单位可能是国家动物遗传资源咨询委员会（参见第一章）、一个特殊的保护工作小组、与处于危险的动物品种饲养场合作的专业性的非政府组织，或者掌握了一个国家足够的动物遗传资源知识的个体人员。为简便起见，本章中讨论重点主要集中在可以负责品种保护优先排序的"国家咨询委员会"。不论什么样的单位被赋予这项工作，都应采用参与式的方法进行优先排序，所有的利益相关方都应参与磋商。

步骤 2 确定优先排序的因素

国家咨询委员会的首要活动是审评每一个品种的保护目标（参见第一章）。根据这些目标，要对确定品种保护价值的要素达成共识，对这些要素的相对重要性也要达成共识。

在草拟审评保护价值所需的具体条件时，要参考国家的动物遗传资源的保护策略。Bennewitz 等（2007）建议，需要考虑 3 个方面。

1. 最大危险策略。 这个策略只考虑了危险程度。如果国家的主要目标是防止面临高危灭绝的品种近期内受到损失（10 年内），可以进行调整。

2. 最大多样性策略。 相对处于危险的其他品种的多样性，该策略作为对尚未处于危险的品种多样性一种补充方法，只侧重了某个品种的多样性。如果有固定的资金支持开展保护活动，而且将目标设定为利用现有资金获得更多的遗传多样性，这个策略的效果会更理想。

3. 最大效用策略。 这个策略要考虑的是超出了灭绝风险和遗传变异范围。虽然这个策略适用于很多情况，但主要是在经济上部分或全部以自我维持的保护项目时使用。

策略的选择、影响优先排序的因素以及每个因素的相对重要性是值得认真思考和讨论的。根据所选择的策略和因素，特别是当保护的资源非常有限，而且很多的品种处于危险时，品种的选择方法就具有很大的差别。影响保护优先顺序的一些因素是相互排斥的，一些品种在一些方面很优良，而在另一些方面则较差。比如，处于极度灭绝危险的品种（根据最大危险策略评定为最优先保护的）呈现的遗传多样性（最大多样性策略）、遗传经济价值或特性常常是很低的。针对受到极度灭绝威胁的品种开展的保护计划成功的可能性也是非常的低的。在一些情况下，两个或更多的因素是相互关联的。比如，某个品种文化的重要性与其遗传特性或特殊品质紧密相关。在这种情况下，如果考虑到所有这些因素就会过分强调确定保护优先顺序。

如果使用定量（参见本章中下文）方法，国家咨询委员会应对每个影响保护价值的因素根据其相对重要性确定权重。已经提出了分配权重程序各种不同的方法。一个简单的、参与式的直观的方法被称为"参与式打桩"——给负责分配权重的小组的每个成员一件小物品（如石子、大理石块或豆子等），让他们根据所设想的重要性放置在不同的因素前面。将所有人员的结果进行平均后，就可以得出总的权重。

还有更为客观但更为复杂的方法，经济学家建议将品种的价值进行分类，并以货币值表示价值。插文 12 描述了价值分类的内容，可以应用到品种或其他的动物遗传资源的价值分类中。

插文 12
动物遗传资源的价值

从经济角度上看，动物遗传资源具有各种不同的价值，都应受到保护。这些价值可以分类为（Drucker et al，2001；FAO，2007a）：

- 直接的使用价值：使用动物遗传资源，如牛奶和肉类生产中获得的收益。
- 间接的使用价值：通过对其他活动提供帮助或保护而产生的收益，如通过提供监管和支持生态系统服务（如对土地营养成分的循环使用、种子分发和控制火灾等）。
- 选择价值：利用现有的资源获得将来潜在的收益。例如，拥有遗传变异应对今后的市场和环境变化。
- 传留价值：传授的动物遗传资源知识在将来使其他人员能获益。
- 存在价值：因某种动物遗传资源存在而感到满足的结果，即使不能获得其他形式的价值。

在很多情况下，间接使用和选择价值对处于危险中的动物遗传资源是非常重要的，因为适应当地环境的品种与其他品种相比更能展示出这些价值。直接使用价值的增加会有益于品种的经济持续性，有益于成功地开展保护活动（参见第七章和第八章）。传留价值和存在价值只适用于特殊的情况。

人们可以使用被称为"选择模型"的方法获取插文 12 中介绍的价值定量信息。简单地讲，"选择模型法"使用调查或问卷的形式来了解受访人（如农民或其他利益相关方）对结果选择分析（如品种或动物类型介绍材料）倾向性意见。每一个结果都可以用不同层次（即品种特性）的一组属性来定义。然后使用统计模型对受访人使用频率比较高的属性参数进行分析。插文 13 提供了使用动物遗传资源的选择模型的例子。很显然，选择模型的成功取决于设计调查和统计分析的方法的适用性。所以，要与数据统计专家或其他有相关经验的科学家共同进行磋商和使用。

插文 13
使用选择模型对需要保护的品种进行估价和排序

选择模型可以用来了解牲畜对人类的全面价值，表示为总经济价值。这些品种的价值体现为从商品生产（使用价值）到休闲、适应性、文化性或简单存在的价值。非使用价值是难以用市场交易进行估测的，而且由于估测不准确，价值常常被低估。在选择模型中，要求人们给出他们假设的一组品种特性的倾向性意见。通过了解人们选择他们喜好的品种，就可以估测和比较出人们是否为他们所喜爱的具有特性的动物投入费用。对选择资料的分析就可以了解特性价值彼此相关，并对其特性进行排序。在发展中国家，特别是非洲国家，选择模型广泛用于估测牲畜品种，主要用于估测牛品种的价值（Zander et al，2008），也用于小反刍动物（Omondi et al，2008）、鸡（Faustin et al，2010）和猪（Scarpa et al，2003）。这种评价方法经常用于选择出喜爱具有传统特性动物品种的农民，使用很少的外部资金就能让他们对资源开展保护活动。

最近，对欧洲濒危的牛品种使用选择模型进行了研究，目的是了解动物使用和保护管理（Fadlaoui et al，2006）之间的协同增效效应。结果显示，欧洲人从他们自身考虑，愿意投入大量资金以保证一些品种被保存下来，但是，欧洲人同样希望处于危险中的、适应当地环境的品种也能在传统的农村观光风景、文化活动及优质的食品来源等方面发挥作用。

选择模型的结果可以与遗传独特性的措施及保护费用相结合，根据其效果对保护计划安排进行先后排序（Weitzman，1998；Zander et al，2009）。在一些国家中，已经采取了为饲养处于危险状态动物的人员支付费用的方法，通过将保护费用与每个品种价值联系起来，使用选择模型结果可以实现保护计划最大的功效。

由 Kerstin Zander 提供。

步骤 3　收集优先排序所需要的信息
在确定了影响优先保护排序的因素后，如有必要，要对确定每个品种状况的因

素进行研究。比如，如果要研究每个品种的表型特征，那么就要收集所有动物或具代表性动物样品的信息，以得到种群经济重要性的平均值。如果认为具有独特特性或具有对特定环境的适应性对进行保护优先排序非常重要，那么就应充分重视这种特性。同样，也应注重品种的任何历史或文化的重要性。系谱或遗传标记可以更充分了解遗传变异（在第五章中有详细的介绍）。

最理想的情况是，一个国家在开展保护优先排序工作时（见动物遗传资源的表型特征 FAO，2012 和动物遗传资源分子特征 FAO，2011），已经对品种从表型和遗传上确定出了其特征。如果已经对品种进行了全面的和合适的特征鉴定，那么就要收集所需要的所有信息。如果还没有进行特征鉴定，进行保护决策最有效的办法是将特征鉴定和收集资料结合在一起同时进行。如果这样做有困难，国家咨询委员会成员就需要共同商量寻找相关资源。最好的办法是，负责收集资料信息的人员应比较熟悉相关的品种。从当地或国际文献或当地的"灰色"文献（如技术报告）中就可以查阅出有关表型特征的资料，也可以向各类的利益相关方（如农民、育种人员、当地的历史学家）索取有关具有独特特性和育种历史等有关的信息，这样就可以充分地了解品种的特性及文化重要性。

从很多渠道都可以收集到有关遗传多样性的信息，但有些信息不是很准确。对标准化的品种来说，它们具有历史记录和系谱，要确定这些品种的起源以及受其他品种（基因渗透）影响的程度是比较容易的，而非标准化的品种则有些困难。可以使用系谱资料估测近亲程度和一段时间内的趋势（ΔF），对 N_e 也采取相同的方法。下述的章节中详细介绍了遗传标记可以用于估测品种内的遗传多样性以及品种之间的遗传关系。如果缺乏这方面的信息来源获得有价值的资料，要向具有丰富知识的利益相关方了解品种的历史资料。以往的种群瓶颈（种群数量大幅下降）将会导致目前种群的较低变异。曾经预计到杂交活动减少了品种的独特性和特殊性。由于公畜亲本和母畜亲本比例失调，人工授精的广泛使用很可能会减少 N_e。

步骤 4　评价每个品种的优势及劣势条件

在第一章中，介绍了使用 SWOT 分析法对牲畜物种的作用、功能与动态进行评定，以及建立保护目标的分析。从 SWOT 分析中获得的信息与在步骤 3 中收集到的信息一起可以作为讨论每个品种价值的基础，这些信息对各种保护目标是有益的。国家咨询委员会的成员们应参加讨论工作，并关注每个品种的优势和劣势。对评价的讨论结果要以书面形式进行总结。如果需要的话，咨询委员会可以向政策决策者进行解释。

步骤 5　对保护的品种进行优先排序

根据小组讨论和分析，应对保护的品种进行优先排序。可以使用主观测试法或定量方法。

在步骤 4 中讨论结束时，参加会议的人员应对处于危险状态的品种保护的优先顺序达成一致。如果没有达成一致意见，可以采取投票的方式做出最后决策。另外一种方法是，所有的委员会成员都可以对品种进行优先排序，然后取排列的平均值确定最后的顺序。如果是某个人，而不是国家咨询委员会负责此项工作，可以使用主观性的排序。但是在这种情况下，负责此项工作的人员就应以文件的形式记录整个决策过程，以便向政策决策者和其他利益相关方进行汇报。

如果采用的是定量方法，应以数字方式表示影响优先保护品种的每一个因素的属性。每个品种的重要经济特性的平均值等方面的统计数字都会自动地以数字表示，但具有或不具有特殊特性或文化重要性的因素则不一定用数字表示。对具有和不具有特性或适应性的特征，具有的可以得 1 分，不具有的则为 0 分。在考虑复合型特性时，对每个品种的结果要进行总结。对于异源的特性，比如历史和文化的重要性等，可以使用下述两种方法。

1. 以兴趣特性分类品种，然后根据他们的排序打分。比如，对一组中 3 个品种的重要性进行估值，更具重要性的品种可以打 3 分，第二的可以打 2 分，第三的可以打 1 分。

2. 对整体保护优先的品种来说，可以用上述同样方法以兴趣特征对品种进行估值。比如，让委员会的每个成员对每个品种的文化重要性打分，从 1 分到 10 分，10 分最高，1 分最低。委员会成员打分后，形成对每个品种的平均值。

即使使用最大多样性和最大价值策略，危险程度还是通常要考虑的重点，处于灭绝的品种应受到最优先的保护。所以，要对每个危险分类进行分别的考虑。当在确定保护优先排序时，如果只根据单一的非种群因素就会很容易进行决策。根据单一要素的重要性（在危险分类中）就可以确定对品种保护的优先排序。

当有多种因素影响优先保护排序时，可以使用多因素指数对品种进行排序。可以根据保护价值，使用下述公式进行优先排序。

$$CV_i = W_{F1} \times (F1_i - \mu_{F1})/\sigma_{F1} + W_{F2} \times (F2_i - \mu_{F2})/\sigma_{F2} + \cdots$$
$$+ W_{Fn} \times (Fn_i - \mu_{Fn})/\sigma_{Fn} \qquad \text{（公式 1）}$$

具体为：

CV_i＝品种 i 的保护价值，

W_{F1}＝因素 1（如遗传特性）权重（相对重要性），

$F1_i$＝品种 i 的因素 1 的值，

μ_{F1}＝因素 1 的所有品种的平均值，

σ_{F1}＝因素 1 的所有品种的标准差。

对于其他需要考虑的因素具有同样性。插文 14 中介绍了对三个假设品种进行的优先排序情况。

工作任务 2：向利益相关方传播信息

必须向从事保护项目实施或给予资金支持的利益相关方通报品种优先排序的结果及所采用的方法。

步骤 1　撰写品种优先排序的报告

应对品种的优先排序进行书面总结，分发到利益相关方。报告中应包括使用的程序以及所使用的分析方法的小结。

步骤 2   向利益相关方当面陈述优先排序的结果

应安排利益相关方讨论优先排序活动的结果，并对最后的品种分类提出自己的意见。对提出的问题要进行认真详细的讨论。其原因主要是如果利益相关方不接受和实施这些方案，优先保护计划是难以实施的。

插文 14
使用简单指数对 3 个保护品种进行优先排序

这个例子介绍了如何使用根据 4 个要素构成的简单指数对保护品种进行优先排序。该表根据 4 个要素中的每个要素，对 3 个假设奶牛品种价值进行了估测，并给出了每个要素的相对权重。

在进行优先排序时，需要考虑的 4 个因素的品种价值、种群平均值及权重

	有效种群大小	遗传特性	牛奶产量（千克/年）	文化重要性
品种 1	60	2	1 000	0
品种 2	100	3	700	0
品种 3	50	1	500	1
总平均值	70	2	733.33	0.33
标准差	26.46	1	251.66	0.58
权重指数	3		2	1

在这个例子中，所考虑的 4 个要素是有效种群大小（N_e）、遗传特性、每头牛的牛奶产量以及文化重要性。这个例子使用最大价值策略对品种进行估值。要素中的其中两个 N_e 和遗传特性是估测遗传多样性的。假设一个国家的动物遗传资源的国家咨询委员会已经决定 N_e 是最重要的要素，所以要占最多的权重（$w=3$）。N_e 和牛奶产量分别为估测值和测定的定量要素，而遗传特性和文化重要性是根据打分得出的结果。

在 4 个要素的每一个要素中，3 个品种的每个品种都要比其他的品种优越：品种 1 的牛奶产量最大；品种 2 具有最大的遗传多样性（对两种估测方法）；品种 3 是唯一的具有文化价值的品种。

下表给出了每一个品种的保护价值指数的直接计算结果和最终结果。标准价值是要素价值减去总平均值，然后除以标准差。加权值是标准值乘以权重。保护值则是每个品种的加权值的总计。

标准值和加权值和总保护值以及 3 个品种的排列

	品种 1	品种 2	品种 3
标准值			
有效种群规模	−0.38	1.13	−0.76

	品种 1	品种 2	品种 3
遗传特性	0	1	−1
奶产量	1.06	−0.13	−0.93
文化重要性	−0.58	−0.58	1.15
加权值			
有效种群规模	−1.13	3.40	−2.27
遗传特性	0	1	−1
奶产量	2.12	−0.26	−1.85
文化重要性	−0.58	−0.58	1.15
保护值	0.41	3.56	−3.97
排列顺序	2	1	3

　　根据保护价值指数，品种 2 最具保护价值，主要是因为具有超强的遗传多样性，这是最主要的要素。品种 3 虽然具有很高的文化价值，但排列顺序为最后，因为这个要素没有遗传变异或牛奶产量那么重要，在这方面，该品种属于劣势。

　　请注意，在这种情况下所选择使用的要素只是作为例子，而不是建议。每个国家都应根据自己的目的，制定出自己的标准。虽然在这个例子中引用了牛奶产量，其他的要素如功能特性或包括生产成本在内的牛奶生产性能等也应是考虑的要素。同时，请注意，这个例子中有 4 个要素，一个国家可以考虑添加或减少要素的数量。各种要素中的权重也只是作为实例。每个国家都应建立权重。

使用遗传标识信息

理由

在前面的章节中说明了保护畜牧群体遗传多样性的重要性。遗传变异可产生适应性、遗传改进并且能够消除近亲带来的不利影响，如遗传缺陷、低繁殖率和低变异性等。所以，应在制订保护计划和进行保护活动的优先排序时考虑遗传多样性。

前述章节介绍了优先排序的方法，这个方法考虑了以系谱或群体结构和/或遗传特性得出的 N_e 范围为基础的遗传多样性。本节要介绍的是使用根据 DNA 得出的遗传标记来估测品种内外的多样性，并使用这些估测值对品种进行排序，最终制定保护政策。当对品种进行遗传特性分析时，就可以得到分子遗传信息，可以使用形式化方法客观地解释品种内及品种间的遗传变异性，并与其他要素联系在一起，对品种保护进行优先排序。

目标

通过使用遗传标识评价品种的遗传多样性，并在对品种优先排序保护工作中充分重视多样性。

信息来源

- 有待解决的综合保护目标的信息。
- 列入保护计划的品种清单。
- 每一品种中影响保护价值的要素信息。
- 评价品种多样性的分子遗传信息。

成果

- 对每个物种中的品种遗传多样性进行定量分析。
- 排列出优先保护的品种清单。

工作任务 1：收集使用目标排序法的资料

步骤 1　获取分子遗传资料

遗传特性分析包括收集并分析每个动物品种的 DNA 样本，目的是在分子层面评估遗传变异性和确定品种之间的关系（插文 15）。为帮助从事开展此项工作的国家，已经制订了分子特性的指南（FAO，2011）。

为获取可靠的结果，至少要从 40 头动物中采集 DNA，包括每个性别至少 10 头。所选择的动物要考虑品种的地理和遗传分布，这意味着要避免近亲。在资金许

插文 15

遗 传 标 记

在 DNA 序列中，分子遗传标识是可观察到的变异点，这些变异点存在于不同的细胞、个体或群体中，常引起人们的关注。各种不同的标识是实际存在的。经过评估的变异类型与采用实验室程序检测的变异类型是有差别的。标识可为"中性"或受到选择程序的影响。建议使用中性标识估测遗传多样性和计算种群遗传数据。选择性标识与表型性状相关。在过去的 20 年中，人们广泛地使用遗传标识研究畜牧种群的遗传多样性。在 20 世纪 80 年代后期和 20 世纪 90 年代初期，由于高度多态性、高信息量、快速分析、成本低和适于自动测序仪分析等优点，已普遍使用短串联重复 DNA 序列（也称为微卫星）。这种方法已经广泛用于研究进化历史和畜牧物种多样化的工作。

作为全基因组测序和人类基因组单体型项目成果，在一些牲畜品种中已经发现数以百万计的单核苷酸多态性（SNPs）。其中的一些包括已经确认的数以万计的 SNP 的物种面板（如牛、山羊、绵羊、鸡和猪）已经提供给了科学界，他们以非常低的费用对每个资料点的全基因组进行扫描。对其他一些牲畜（如水牛），也将在不久的将来获得同样的面板。SNPs 面板在畜牧业遗传，特别是调研种群内外个体和种群基因组多样性、种群结构、近亲以及确定选育遗留下来的鲜明特征等方面打开了一个新的视角。这个最后应用程序提供了非常具有吸引力的确定影响特性的基因组区段的方式，这些特性是很难记录到的，而且与动物遗传资源保护价值有直接的关系。

随着 DNA 测序技术的快速发展，不久的将来，全基因组数据在种群和保护研究中成为未来的目标。技术提供了如何对受到威胁的种群基因适应性进行分析的新方法，优先使用独特的适应变体、中性群体介导变体、甚至使用环境变量检测适应性变异的相关性，最终确定优先保护的地区（Bonin et al，2007；Joost et al，2007）。通过对所有的基因区域的检验，并通过基因组特定合并分析，就可精确地分辨出突变效应、漂流、选择和混合物。例如，可以区别出适应本地的变异性和共祖多态性，也可以区别出混合物和长期选育。

由 Alessandra Stella 提供。

可的范围内，尽可能地使用较多的遗传标识信息，对动物进行基因型分析。目前已经提出建议使用由 ISAG-FAO 咨询小组汇总并列入 FAO 指南（FAO，2011）的 30 种特异的微卫星的面板标记，但是也可以考虑使用更新的基因型平台，如 SNP 芯片（取决于费用和综合目标）。最为理想的是，不仅要为处于危险状态的品种获取遗传特性资料，同时也为尚未处于危险的品种获得一些资料。尚未处于危险状态的品种的高遗传相似性显示出较低的独特性，从而降低了对该品种保护的优先性。

插文 16 列举了实例，说明如何使用遗传标识对南非的鸡种群作出了推论。

步骤 2 就维护多样性的具体遗传目标达成一致意见

估测遗传多样性适合的方法取决于保护遗传多样性战略中制订的具体目标。比如，目标是尽可能保存种群最大数量的多样性。另一种目标则可能是保护具有特殊遗传特性的品种。还有一些其他情况，认为保存特殊的等位基因或基因组合最为重要。在大多数情况下，在保护特殊品种和杂交多样性之间保持平衡应该是最为合理的目标。

插文 16
使用遗传标记研究南非鸡的多样性

南非拥有多个当地鸡品种。人们都非常重视这些动物遗传资源，并成立了专门的机构保护这些种群。但是，依然有些方面需要确定，比如这些种群是否是独特的品种，或者是同类品种中的生态型，这些种群的基因在受到保护的群体中是否具有广泛的代表性。所以开展了南非鸡种群的研究项目来回答这些问题。

从 3 个村子的鸡群体、4 组保护的群体和几个参考的群体中采取了 DNA 样本。还从马拉维、莫桑比克、纳米比亚和津巴布韦等国家的鸡遗传资源采取样本进行分析。根据粮农组织动物遗传资源指南（FAO，2011；FAO，2012），开展了此项工作，第一步是通过调查问卷和实地调研的方式了解生产环境，然后通过使用微卫星 DNA 标识和线粒体 DNA 对群体进行遗传分析。

从分析结果中得出了几个结论。第一，从遗传角度上，3 个村庄的鸡群（南非）是单一整个群体中的一部分。但是，在较为隔绝的地理环境下，通过繁育产生了有些差别的生态型鸡。在这些生态型品种中，可以看到表型水平上的差异（如羽毛颜色和生产性能上），但从 DNA 标记上则很难观测到差异。除此之外，聚类分析表明，村庄中的群体从遗传角度上看与受到保护的群体有差别，即使是从村庄群体中选出来作为特殊品系的鸡也有遗传上的差别。人们发现，根据遗传标记的等位基因的数量，村庄中的种群从遗传角度上与保护品系相比存在差异。保护品系中的近亲问题与村庄中群体相比不是很突出。线粒体 DNA 显示出多个母系血统。南非鸡群体具有 3 个主要的单倍型，而这可能起源于中国、南亚和印度次大陆。

整体的调查结果增加了人们对南非鸡遗传资源使用和管理的意识。除此之外，研究结果还为决策者提供了基础数据，制订了更佳的保护策略。该项研究最重要的结论是对于保护系的管理是到位的，近亲问题控制在最小范围内。但是，由于最初采取的标本过少，很难充分代表村庄群体的遗传差异性。所以建议，为获取多样性，最好重新采样。

Kennedy Dzama 提供。

更多信息见 Mtileni 等（2011a 和 2011b）。

如果认为品种之间的关系不那么重要，就可以计算出简单的多样性定量估测值，如杂合性或者基于标识的 N_e（参见插文 17）。差异度可以插入到保护价值公式中（在前述的工作任务 1 中的步骤 5 介绍过）。但是，不能忽视品种之间的关系，因此，最好使用较为复杂的目标方法（参见步骤 3 和步骤 7）。

插文 17
估测品种间分子遗传多样性

估测品种内遗传多样性的最简单的方法是异型接合性。增加的杂合度是与较大的遗传多样性相一致的。在特定的基座上，如果两个等位基因不同，动物就会杂合。估测异型接合性有两个办法：观察杂合度（H_o）和期望杂合度（H_e）。通过观察每一个动物标本的基因型，对杂合的动物计数，并用这个数除以动物总数，就可以对在特定的基因座上观察到的杂合度进行计算。通过确定每个等位基因的频率，来计算特定基因座上的期望杂合度，然后使用下列公式：

$$H_e = \sum_{i=1}^{n}(1 - p_i^2) \qquad \text{（公式 2）}$$

这里 n 是等位基因的数量，p_i 是等位基因 i 的频率。应对每个基因座和平均基因位点进行杂合度估测计算。

用于计算分子遗传分析的计算机软件可以计算出 H_e 和 H_o。应使用同样的基因位点对所有的品种进行评价。对品种的优先排序来说，H_e 更为适合，这主要是由于显示出在随机交配中能"获得"遗传多样性。实际上，H_e 也被称作为基因多样性。如果在上一代中，没有任何形式的非随机交配，H_o 可能会与 H_e 有着很大的差别。近亲或与同类动物进行交配（选型交配）会减少 H_o，而与非同类动物进行交配（异性配种）会增加 H_o。

也可以使用分子标识估测 N_e。人们已经提出几个不同的方法开展此项工作，Cervantes 等（2011）对此曾有过介绍。很多的方法需要对动物进行多阶段的采样，但这样做不一定可行。对于基因型动物，可以根据连锁不平衡估测 N_e。已经研发出不同的计算分子 N_e 的软件：

- NeEstimator 软件（Ovenden et al，2007）是根据观察和预期的配子频率之差的理论预期（Hill，1981；Waples，1991）来设计的。这个软件可以从 http：//www. dpi. qld. gov. au/28_6908. htm. 下载，但需要注册。
- ONeSAMP（Tallmon et al，2008）采用贝叶斯公式获取了与可以增加 NeEstimator 软件准确性的理论预期相同的估测值。通过在线计算（http：//genomics. jun. alaska. edu），客户可以输入各种参数值（单个数值和基因位点），同时提供了输入文件的路径。通过邮件可以发送其结果。

步骤3 选择能够采用的客观法

Boettcher 等（2010）回顾了使用客观法来解释品种优先排序中的分子遗传多样性的工作。选择应用什么样的方法开展优先排序工作取决于所使用的遗传多样性的定义。Weitzman 方法（1992）是根据品种当中的遗传距离来估测遗传多样性的（插文18），所以，只考虑了品种间的遗传差异，而不考虑品种间的遗传变异。

插文18
使用遗传标记估测品种间的遗传距离

遗传距离是两个序列、个体、品种或物种之间的遗传差异的定量估测方法。对于两个畜牧品种来说，遗传距离只能大概估测出两个品种存在以来作为单独的、随机交配的群体的时间。两个品种时间上的差异是用品种产生的等位基因替代和不同的等位基因频率这些不同的变化来估测的。

估测遗传距离具有很多的方法。其中最合适的一个办法是使用 Reynolds 等（1983）提出的方法，这个方法可以解释品种形成期间的短期遗传差异。

$$Reynolds\ 的遗传距离 = \frac{1}{2} \cdot \frac{\sum\limits_k (P_{xk} - P_{yk})^2}{\sum\limits_j (1 - \sum\limits_k P_{xk} P_{yk})} \quad （公式3）$$

j 为不同的基因位点，k 是每个基因座的不同等位基因，两个品种为 x 和 y，p_{xk} 和 p_{yk} 分别是品种 x 和 y 等位基因 k 的频率。已经有多个遗传标识资料的软件，下载这些资料可以估算出遗传距离。这些软件包括 TFPGA（http：//www.marksgeneticsoftware.net/tfpga.htm—Miller，1997）和 PHYLIP（http：//phylip.com—Felsenstein，2005）。

在品种特性是唯一的重要因素时，而且今后在品种之间不再进行杂交时，才可以使用这个方法。按照 Caballero 和 Toro（2002）以及 Eding 等（2002）的优先排序程序，确定多样性是要根据亲缘关系（插文19）的，而且当品种内多样性是最重要的时候是非常适合的。这个方法可以获得整个选育品种时的遗传信息，而且对于保护最大最全的品种资源是非常理想的。如果考虑个体品种不重要，在将来不对保护的品种进行杂交，就可以使用这个方法。在大多数情况下，将来的重点会强调保护独特的品种，同时开展一些杂交育种。在这种情况下，所使用的 Piyasatian 和 Kinghorn（2003）以及 Bennewitz 和 Meuwissen（2005a）定义的多样性优先排序方法，被认为是品种间或整个品种多样性的中间值。这个优先排序方法可能是最好的方法（Meuwissen，2009）。

步骤4 估测绝灭风险

正如上面所介绍的，绝灭风险通常是在保护优先排序中的重要因素。上述章节讲到的优先排序方法含蓄地提出要对品种进行危险程度的分类，处于最危险的品种

插文 19
使用遗传标记计算品种间的亲缘关系

两个个体之间的亲缘关系或"亲缘系数"（也称为共祖率）是从一个原种派生出的相同的两个个体之间在同一个基因座上得到的单等位基因。亲缘关系是用来测定遗传多样性的。增加的亲缘关系表示减少的遗传多样性。如果拥有足够的资料来追溯同一原种祖先的系谱资料，那么就可以用系谱来估测亲缘关系。但是，有很多的品种不具有这么详细的系谱资料，而且还缺乏估测品种亲缘关系的系谱资料。可以使用遗传标记来估测个体之间的亲缘关系和品种的平均亲缘关系。

对于不同等位基因的单基因位点 K，使用下列公式，可以计算出两个品种之间的简单的亲缘关系：

$$简单亲缘关系 = \sum_k P_{xk} P_{yk} \qquad （公式4）$$

这里 P_{xk} 和 P_{yk} 分别是品种 x 和 y 的等位基因 k 的频率。为取得完整的亲缘关系矩阵，应计算出所有品种的每个基因座（包括品种 x 和 y 相同时）和平均基因位点。下面的例子是根据三个品种建立的：

$$M = \begin{bmatrix} m_{11} & m_{12} & m_{13} \\ m_{21} & m_{22} & m_{23} \\ m_{31} & m_{32} & m_{33} \end{bmatrix} \qquad （公式5）$$

m_{11} 是品种 1 和本品种之间的所有基因座的平均简单亲缘关系，m_{12} 是品种 1 和品种 2 之间的平均简单亲缘关系。

需要注意的是，这种估测亲缘关系的方法是非常简单的，所依据的也是畜牧群体中不存在的遗传假设。Eding 和 Meu-wissen（2001 和 2003）介绍过能够解释估测亲缘关系复杂性所使用的办法。Molkin 软件（http：//www. ucm. es/info/prodanim/html/JP — Web. htm）可以计算品种群体的平均亲缘关系（Gutierrez et al，2005）。

应得到优先的保护。包括分子遗传信息在内的优先排序的客观法意味着使用绝灭风险的数值估测法。

对绝灭风险进行定量测定有多种方法：

• 第一，如果国家咨询委员会同意每个风险分类中风险是相同的假设，同时也不希望对分类进行优先排序（即，假设某个危险类别内所有品种比危险类别较低的品种具有更大的保护价值，不考虑非危险要素）可以在危险分类中使用客观法。所有的品种，不论处于何种风险程度，都可以确定为面临同样的绝灭风险（如 0.25）。

• 第二，如果国家咨询委员会希望假设每一个危险类别都面临着同样的绝灭可能性，而且也希望对分类进行优先排序，就可以估测每个类别绝灭的可能性，赋予同类别的品种同样的风险值。比如，极度危险、濒危的和易危类别品种比较合适的风险概率分别为 0.50、0.25 和 0.10。

- 第三，国家咨询委员会可能希望对每个品种（在这种情况下不直接考虑危险分类）进行明确的绝灭可能性的估测。可以使用三个常用的办法估测绝灭概率。第一个方法是确定影响品种绝灭概率的要素，然后使用这些要素作为参数设置品种归入的类别（Reist-Marti et al，2003 见插文 20）。第二个方法是通过使用种群动态数学模型预测绝灭可能性的趋势（Ben-newitz et al，2005b）。第三个方法是使用一段时间内的遗传变异遗失作为灭绝概率的代替值（Simon et al，1993）。总的来讲，第二个办法和第三个办法需要历史统计资料和系谱资料，一些国家由于缺乏这些资料会影响该项工作。

插文 20
品种优先排序客观法分步实例

第一步，估测绝灭风险。

根据 Reist-Marti 等（2003）制订的内容，通过根据品种成活率的不同标准对每个品种赋予价值，对绝灭风险进行估测：

1. 种群规模；
2. 种群规模变化；
3. 地理分布；
4. 是否制订了正式的育种计划；
5. 农民的满意度。

可以选择使用其他标准，也可以使用根据五个要素建立的标准。潜在的其他标准包括杂交数量、公畜与母畜的比例、是否有营销计划以及一个国家和地区的社会稳定程度。

对于每个标准来说，应该建立分类次序，分类次序应与风险程度相联系。应对每个分类赋予分数维值（如<1.0），这个值要随着风险程度加大而增加。最大值的范围应与标准的重要性相对应。最大值的总合应为小于 1.0。采用这个方法，可以使用下列系统：

p 是估测的种群规模相关的数据：

$p=0.0$ 如果群体大小是 ≥10 000 育种母畜

$p=0.1$ 如果群体大小为 2 001～10 000

$p=0.2$ 如果群体大小为 1 001～2 000

$p=0.3$ 如果群体大小为 100～1 000

$p=0.4$ 如果群体大小为 <100

c 是与种群规模最新变化相关的数据（如前十年）：

$c=0.0$ 如果种群相对稳定或增加

$c=0.1$ 如果种群减少了 $10\%\sim20\%$

$c=0.2$ 如果种群减少了大于 20%

g 是与地理分布相关的数据：

$g=0.0$ 如果该品种分布于全国各地

$g=0.1$ 如果动物只分布在一个国家的某个地区

b 是由育种协会或国家的核心群开展的正式的保护纯种动物的数据：

$b=0.0$ 如果有计划

$b=0.1$ 如果没有计划

f 是饲养户对他们饲养的品种在经济或生产性能上判断的相关数据。根据调研结果和总分为 4 分的评分 1＝差，4＝优秀：

$f=0.0$ 如果农民平均的判断$\geqslant3$

$f=0.1$ 如果农民平均的判断<3

对品种 i 来说，绝灭风险与五个参数的总和是相同的：

$$风险_i = p_i + c_i + g_i + b_i + f_i + 0.05 \qquad （公式6）$$

所有最大值的总和是 0.90（0.3＋0.2＋0.1＋0.1＋0.1），然而，最小值为 0，所以在公式 6 中加上 0.05 是要保证 0.05 和 0.95 之间的结果。

第二步，建立与遗传多样性不相关联的保护价值。

公式 1（参见第三章）和插文 11 中的保护价值指数程序适用所有的品种，但可以对品种遗传多样性的相关要素不进行计算，因为这些要素用遗传标识就可以进行计算。为使用 Gizaw 等（2008）建议的方法，应对从公式 1 中的保护值标准化，其标准化范围应在 0.1～0.9。

为从非标准化值中推算出标准化的保护值，应使用下列规程：

• 最具保护价值的品种（CV_{max}）应赋予标准保护值 0.9。

• 最不具保护价值的品种（CV_{min}）应赋予标准保护值 0.1。

• 对具有 CV_{min} 和 CV_{max} 标准保护值之间的保护值的特定品种 i 可以用下列公式计算：

$$SCV_i = 0.1 + [0.8 \times (CV_i - CV_{min}) / (CV_{max} - CV_{min})] \qquad （公式7）$$

SCV_i 是品种 i 的标准化保护值。

使用这个公式会推算出一组标准化保护值，在 0.1～0.9 之间。

第三步，以标识信息计算品种的遗传多样性。

为确定遗传多样性的相对重要性，建议使用 Bennewitz 和 Meuwissen（2005a）的方法确认每个品种对品种"核心集"的贡献，以获得最佳遗传多样性的数值。有必要借助于统计专家和数学专家进行该项工作的分析。规程中的第一步是根据每个品种的基因型的动物共享的等位基因计算出遗传关系（基于标识的亲缘关系）矩阵（参见插文 17）。每个品种对核心集的向量贡献可以通过下面的矩阵计算得出结果：

$$C = \frac{1}{4}\left[M^{-1}F - \frac{1'_N M^{-1}F - 4}{1'_N M^{-1}1_N} \cdot M^{-1}1_N \right] \qquad （公式 8）$$

M^{-1} 是品种的亲缘关系的逆矩阵，F 是 M（即品种亲缘关系的向量）的对角线，1_N 是与品种数量相等的一个向量的长度。

这一计算方法推算出的参数贡献度为 0.0～1.0 之间。这个参数可以用 Di 表示特定的品种 i。一些品种可能贡献很少的多样性或特性，也可能为零贡献。

求解上述方程式需要使用计算线性和矩阵代数的软件。可以使用多功能的数学和统计程序包进行矩阵计算：包括商业用途的 MATLAB®，Mathematica® 和 "IML" module of SAS® 以及免费的 R 程序包（http：//www. r-project. Org）。从网站上也可以获得免费或费用较低的矩阵代数软件（见 http：//www. scicomp. uni-erlangen. de/archives/SW/linalg. html）。下述网站 http：//people. hofstra. edu/Stefan _ Waner/RealWorld/matrixalgebra/fancymatrixalg2. html 和 http：//www. picalc. com/matrix-calculator. html 可以进行在线计算，用这些工具来求解上面的公式需要进行系列的连续的单矩阵运算或双矩阵运算。使用 Microsoft Excel® 也可以进行简单的矩阵计算。

第四步，计算总效用，这是进行优先保护排序的基础。

根据下述公式，可以根据总效用（U_i）对品种进行优先排序：

$$U_i = 4 \times （风险_i \times D_i） + SCV_i \qquad （公式 9）$$

这里：

- U_i 是品种 i 的总效用；4 是常数值，这个常数值能够确定与保护价值（SCV）相关的风险和多样性（D）组合体的权重，而且可以根据国家制订的优先排序计划进行修改。一些国家可以考虑使用不同的常数值对结果进行比较；
- 风险 i 是品种 i 的绝灭风险程度，如第一步中计算的结果；
- D_i 是品种 i 对品种整体遗传多样性的贡献程度，如第三步中的结果；
- SCV_i 是品种 i 的标准化的保护值，如第二步中计算出的结果。据此，可以根据总效用（U）进行排序，具有最大总效用的品种应给予最优先的保护，排序第二位的应给予次要的保护，以此类推。

步骤 5   确定包括优先排序中的非遗传因素

在前一章中已经做了解释，除遗传变异和绝灭风险外，还有很多要素影响着品种的保护排序。可以采用客观优先法来考虑这些要素。在前述章节的步骤 3 和步骤 4 中收集到的信息应作为优先排序时使用的客观法。但是，考虑到遗传标识对多样性的重要性，所以就不应包括 N_e 的遗传要素和特性。

步骤 6 优先保护的品种

对于如何综合使用各种资料如分子基因型、表型性状、灭绝风险、文化和社会因素推算出每个品种的单一值，已经研究出了很多方法，这个单一值可以作为优先排序的最终标准来使用。这种综合方法是由多名专家（Reist-Marti et al，2003；Tapio et al，2006；Gizaw et al，2008）建议的。这些规程计算较为复杂且需要高水平的计算能力，所以需要合适的专业人才计算遗传和矩阵代数。同时也需要专家的助手。在插文 20 中，已经总结了 Reist-Marti 等（2003）和 Gizaw 等（2008）提出的方法。

工作任务 2：向利益相关方传播信息

无论采用何种优先排序方法，必须要向参加保护计划的利益相关方通报品种的排序情况。需要根据前述章节工作任务 2 中的步骤开展工作。

参考文献

Bennewitz, J. , Eding, H. , Ruane, J. , et al. 2007. Strategies for moving from conservation to utilization. *In* K. Oldenbroek, ed. *Utilization and conservation of farm animal genetic resources*, 131–146. Wageningen, the Netherlands, Wageningen Academic Publishers.

Bennewitz, J. , Meuwissen, T. H. E. 2005a. A novel method for the estimation of the relative importance of breeds in order to conserve the total genetic variance. *Genetics Selection Evolution*, 37: 315–337.

Bennewitz, J. , Meuwissen, T. H. E. 2005b. Estimation of extinction probabilities of five German cattle breeds by population viability analysis. *Journal of Dairy Science*, 88: 2949–2961.

Boettcher, PJ. , Tixier-Boichard, M. , Toro, M. A. , et al. 2010. Objectives, criteria and methods for using molecular genetic data in priority setting for conservation of animal genetic resources. *Animal Genetics*, 41 (Suppl. 1): 64–77.

Bonin, A. , Nicole, F. , Pompanon, F. , et al. 2007. Population adaptive index: a new method to help measure intraspecific genetic diversity and prioritise populations for conservation. *Conservation Biology* 21: 697–708.

Caballero, A. , Toro, M. A. 2002. Analysis of genetic diversity for the management of conserved subdivided populations. *Conservation Genetics*, 3: 289–299.

Cervantes, I. , Pastor, J. M. , Gutierrez, J. P. , et al. 2011. Computing effective population size from molecular data: The case of three rare Spanish ruminant populations. *Livestock Science*, 138: 202–206.

Drucker, A. , Gomez, V. , Anderson, S. 2001. The economic valuation of farm animal genetic resources: A survey of available methods. *Ecological Economics*, 31: 1–18.

Eding, J. H. , Crooijmans, R. P. M. A. , Groenen, M. A. M. et al. 2002. Assessing the contribution of breeds to genetic diversity in conservation schemes. *Genetics Selection Evolution*, 34: 613–633.

Eding, J. H. , Meuwissen, T. H. E. 2001. Marker based estimates of between and within population kinships for the conservation of genetic diversity. *Journal of Animal Breeding and Genetics*, 118: 141–159.

Eding, J. H. , Meuwissen, T. H. E. 2003. Linear methods to estimate kinships from genetic marker data for the construction of core sets in genetic conservation schemes. *Journal of Animal Breeding and Genetics*, 120: 289–302.

Fadlaoui, A. , Roosen, J. , Baret, P. V. 2006. Setting priorities in farm animal conservation choices—expert opinion and revealed policy preferences. *European Review of Agricultural Economics*, 33: 173–192.

FAO. 2007a. The State of the World's Animal Genetic Resources for Food and Agriculture, edited by B. Rischkowsky & D. Pilling. Rome (available at www. fao. org/docrep/010/a1250e/a1250e00. htm).

FAO. 2011. Molecular genetic characterization of animal genetic resources. Animal Production and Health Guidelines. No. 9. Rome (available at http://www. fao. org/docrep/014/i2413e/

i2413e00. pdf).

FAO. 2012. Phenotypic characterization of animal genetic resources. Animal Production and Health Guidelines No. 11. Rome（available at www. fao. org/docrep/015/i2686e/i2686e00. pdf）.

Faustin, V. , Adegbidi, A. A. , Garnett, S. T. , et al. 2010. Peace, health or fortune?: Preferences for chicken traits in rural Benin. *Ecological Economics*, 69: 1848 – 1857.

Felsenstein, J. 2005. *PHYLIP（Phylogeny Inference Package）version* 3. 6. Distributed by the author. Department, of Genome Sciences, University of Washington, Seattle.

Gandini, G. , Villa, E. 2003. Analysis of the cultural value of local livestock breeds: a methodology. *Journal of Animal Breeding and Genetics*, 120: 1 – 11.

Gizaw, S. , Komen, H. , Windig, J. J. , et al. 2008. Conservation priorities for Ethiopian sheep breeds combining threat status, breed merits and contributions to genetic diversity. *Genetics Selection Evolution*, 40: 433 – 447.

Gutierrez, J. P. , Royo, L. J. , Alvarez, I. , et al. 2005. MolKin v2. 0: a computer program for genetic analysis of populations using molecular coancestry information. *Journal of Heredity*, 96: 718 –721.

Hill, W. G. 1981. Estimation of effective population size from data on linkage disequilibrium. *Genetical Research*, 38: 209 – 216.

Joost, S. , Bonin, A. , Bruford, M. W. , et al. 2007. A spatial analysis method（SAM）to detect candidate loci for selection: towards a landscape genomics approach to adaptation. *Molecular Ecology*, 16: 3955 – 3569.

Meuwissen, T. H. E. 2009. Towards consensus on how to measure neutral genetic diversity? *Journal of Animal Breeding and Genetics*, 126: 333 – 334.

Miller, M. P. 1997. Tools for population genetic analyses [TFPGA] 1. 3: A Windows program for the analysis of allozyme and molecular population genetic data. Computer software distributed by author.

Mtileni, B. J. , Muchadeyi, F. C. , Maiwashe, A. , et al. 2011a. Genetic diversity and maternal origins of South African chicken genetic resources. *Poultry Science*, 90: 2189 – 2194.

Mtileni, B. J. , Muchadeyi, F. C. , Weigend, S. , et al. 2011b. Genetic diversity and conservation of South African indigenous chicken populations. *Journal of Animal Breeding and Genetics*, 128: 209 – 218.

Omondi, I. , Baltenweck, I. , Drucker, A. G. , et al. 2008. Economic valuation of sheep genetic resources: implications for sustainable utilization in the Kenyan semi-arid tropics. *Tropical Animal Health and Production*, 40: 615 – 626.

Ovenden, J. , Peel, D. , Street, R. , et al. 2007. The genetic effective and adult census size of an Australian population of tiger prawns（*Penaeus esculentus*）. *Molecular Ecology*, 16: 127 –138.

Piyasatian, N. , Kinghorn, B. P. 2003. Balancing genetic diversity, genetic merit and population viability in conservation programs. *Journal of Animal Breeding and Genetics*, 120: 137 – 149.

Reist-Marti, S. B. , Simianer, H. , Gibson, J. , et al. 2003. Weizman's approach and conservation of breed diversity: an application to African cattle breeds. *Conservation Biology*, 17: 1299 –1311.

Reynolds, J. , Weir, B. S. , Cockerham, C. C. 1983. Estimation of the coancestry coefficient: basis for a short-term genetic distance. *Genetics*, 105: 767 – 779.

Ruane, J. 2000. A framework for prioritizing domestic animal breeds for conservation purposes at the national level: a Norwegian case study. *Conservation Biology*, 14: 1385 – 1395.

Scarpa, R., Drucker, A. G., Anderson, S., et al. 2003. Valuing genetic resources in peasant economies: the case of 'hairless' Creole pigs in Yucatan. *Ecological Economics*, 45: 331 – 339.

Simianer, H., Marti, S. B., Gibson, J., et al. 2003. An approach to the optimal allocation of conservation funds to minimize loss of genetic diversity between livestock breeds. *Ecological Economics*, 45: 377 – 392.

Simon, D. L., Buchenauer, D. 1993. Genetic diversity of European livestock breeds. Wageningen, the Netherlands, Wageningen Pers.

Tallmon, D. A., Koyuk, A., Luikart, G. H. et al. 2008. ONeSAMP: a program to estimate effective population size using approximate Bayesian computation. *Molecular Ecology Resources*, 8: 299 – 301.

Tapio, I., Varv, S., Bennewitz, J., et al. 2006. Prioritization for conservation of northern European cattle breeds based on analysis of microsatellite data. *Conservation Biology*, 20: 1768 –79.

Waples, R. S. 1991. Genetic methods for estimating the effective size of cetacean populations. *In* A. R. Hoezel ed. *Report of the International Whaling Commission*, 279 – 300. Cambridge, United Kingom. International Whaling Commission.

Weitzman, M. L. 1992. On diversity. *Quarterly Journal of Economics*, 107: 363 – 405.

Weitzman, M. L. 1998. The Noah's Ark problem. *Econometrica*, 66: 1279 – 1298.

Zander, K. K. 2010. Peace, health or fortune? Preferences for chicken traits in rural Benin. *Ecological Economics*, 69: 1849 – 1858.

Zander, K. K., Drucker, A. G. 2008. Conserving what's important: using choice model scenarios to value local cattle breeds in East Africa. *Ecological Economics*, 68: 34 – 45.

Zander, K. K., Drucker, A. G., Holm-Muller, K. et al. 2009. Choosing the "cargo" for Noah's Ark-applying the Metrick-Weitzman theorem to Borana cattle. *Ecological Economics*, 68: 2051 – 2057.

第四章

选择适合的保护方法

为品种选择与之相匹配的保护方法

当确定了处于危险状态的品种并对保护工作进行优先排序之后，下一个要解决的问题是：采用什么样的保护方法？是选择异地保护还是原地保护？将两种方法结合在一起是最好的解决办法吗？

理由

在第一章中已经作了说明，原地保护、异地活体保护和低温冷冻保存均具有有利条件和不利条件。

原地保护的有利条件在于：

- 品种可以继续随着生产环境的变化而进化，并有利于进一步的研究；
- 有助于品种进化并适应环境，深入了解品种特性；
- 有助于畜牧饲养人员继续了解动物的习性，发挥他们的作用；
- 为在农村地区的可持续利用提供了机遇；
- 让品种保持其文化功能，并在自然资源保护中做出贡献；
- 资金上可以自我维持。

原地保护的不利条件在于：

- 品种易受到自然灾害和疫病的威胁；
- 当群体数量过少时，不能使奠基群的等位基因免受基因漂变的影响（由于种畜数量较少，种群中低频等位基因很容易流失）。

异地活体保护的有利条件在于：

- 保证品种可以不受生产环境变化的影响，并有利于进一步的研究；
- 可以对选育和杂交进行严格控制；
- 可以不采用杂交育种方法，在短时间内恢复母畜的数量（使用异地保护精液）。

异地活体保护的不利条件在于：

- 阻碍了品种的进化和进一步适应现代生产环境；
- 对于在农村中可持续利用的目标贡献率非常小；
- 如果没有设置多个保护地点，不能保证品种免受自然灾害和疫病的危害；
- 不能使奠基群等位基因免受基因漂变影响；
- 从长期角度上看，特别是在品种的生产性能较低的情况下，成本很大。

低温冷冻保存的有利条件在于：

- 通过保护遗传变异，维护遗传体系的灵活性；
- 保护品种遗传信息避免由于自然灾害和疫病而造成损失；
- 保护奠基群等位基因免受基因漂变影响（使用在目前代际纯种动物中已不存

在的祖代动物基因开展育种工作）；
- 保护存储的种质需要很少费用。

低温冷冻的不利条件在于：
- 阻碍了品种的进化和进一步适应环境；
- 对于在农村中可持续利用的目标贡献率非常小；
- 实施需要特别的工艺技术，建立低温冷冻计划的费用很高。

目标

选择合适的保护策略。

信息来源

- 要对所保护的物种和品种的各类方法的优劣性质有充分的了解。
- 具有可利用的动物遗传资源保护的国家资源，包括基础设施、设备、资金、技术能力，以及利益相关方的参与。

成果

- 需要对不同的物种和品种的保护方法进行决策。

工作任务 1：对保护方法的适用性进行评估

一些保护方法（特别是低温冷冻方法）需要特殊的设备和技能。如果没有这些资源就很难有其他的选择。比如，在很多国家，液氮是个限制因素。在对不同物种的种质进行低温冷冻保存所采用的技术也是有差别的。有一些国家，虽然具有采集和冷冻精液的能力，但低温保存猪的胚胎需要较高的技术。异地活体保护需要有畜舍、放牧的草场或者饲草秸秆的生产，需要有较多的参与方、专业人才、技能和设施等。所有的保护形式都需要利益相关方进行长期的投入，才能顺利地开展工作。在开展保护计划前，利益相关方要作出与政府和其他利益相关方进行合作的承诺。

工作任务 2：为品种的保护选择适合的保护方法

步骤 1　确定与每个品种相关的保护目标

对每一个品种都要考虑一个问题：为什么这个品种应得到优先保护？其答案会影响我们对保护方法的选择。比如，如果主要原因是品种对于将来物种的遗传多样性和适应当地生产环境的灵活性的贡献率，那么就应该首选低温冷冻方法。如果主要原因是为了保持品种在农村地区目前的功能，那么原地保护是比较好的方法。

步骤 2　筛选能够有效实现目标的保护方法

根据特定的保护目标，一些方法要比另外一些方法更有效。比如，为适应杂交育种（如种质渗入一些特殊的等位基因），异地活体保护是非常有效的。在一些中心设施内可以饲养少量的纯种动物，而纯种动物的基因则可在商品群体中广泛使用。如果低温冷冻保存是出于将来的种群重建，那么以精液的形式收集和保存品种种质要比保存胚胎花的费用低得多。但是，使用精液重建种群比使用胚胎重建种群需要的时间更长。这主要因为，如果使用精液，要达到纯种的目的，需要进行数代回交。而采用原地保护品种，饲养牲畜的农户（具有长期饲养的）更看重的是品种的生产性能和产品的市场价格。在这种情况下，重视生产和市场导向就显得非常重要（参见第七章和第八章）。

步骤3　考虑每个保护方法的不足之处

当开展原地保护时，危险因素包括：

- 灾害及传染疾病。灾害会毁灭种群，特别是当种群集中在狭小的地理范围内。
- 畜牧养殖户的愿望与保护计划的目标相脱节。畜牧养殖户有权按照他们自己的想法管理畜群，当经济上不再具有吸引力时会放弃饲养某个品种。
- 遗传瓶颈和动物之间的高度亲缘性。特别是种群数量较少时具有近亲的危险，如果种群没有得到很好的保护，由于随机漂变而造成等位基因的流失。
- 政府的保护计划发生变化。当一个品种作为休闲景观的管理（参见第八章）目的时，补贴会成为畜牧养殖户的重要收入来源。如果停止补贴，养殖户就会立即停止饲养这些品种。

当品种进行异地活体保护时，风险因素包括：

- （如果动物亲缘关系很近）近亲和由于随机漂变产生的等位基因流失，就会导致遗传变异性减少，可能会导致较低的生殖率、繁殖率和存活率。
- （如果品种由牲畜养殖户饲养）缺少通过育种计划改良群体的机遇，这就意味着要对参加保护计划的养殖户进行补贴；如果停止了这些补贴，牲畜头数就会停止增长。
- （如果品种由政府的农场饲养）中央政府或相关政府部门的资金使用重点发生变化。

当采用低温冷冻保护一个品种时，风险的因素为：

- 兽医卫生问题。所需要的低温冷冻材料（如配子、胚胎）必须要达到高标准的卫生要求；由于存在动物疾病，会破坏或阻碍收集这些材料。
- 缺乏资源。是否有开展低温冷冻计划所需的技术人员、可靠的设备和基础设施，这些会影响周密的计划安排。
- 基础设施故障。包括停电、存储容器破裂，这些都会造成存储材料继续使用的性能。
- 存储设施损坏。自然灾害或社会动乱会造成基因库的损坏或废弃，导致存储材料的损失。解决这个风险的方法是建立多个存储地点。

步骤4　考虑每个保护方法的成本

当已经决定所采用的保护方法时，就要对实施工作中所需要的费用进行计算。具体到低温冷冻保护方法，主要的费用有两部分：一是材料的采集和冷冻；二是使用这些材料应达到保护的目的（渐渗现象的等位基因或品种的重建）。动物基因库的维护费用是相对较低的。原地保护的费用可以包括对养殖户饲养的指定品种进行补贴和实现育种计划对遗传变异保护的费用。前面已经讲过，由于将来长期需要这些费用，所以必须要重视。

步骤 5　选择保护方法

最后是效能的排序，失败风险和费用应同时考虑。赋予每个因素的权重是要根据国家的优先目标、战略取向、可利用资源、能力和机制来决定的。当研发出人工繁殖方法并得到广泛使用时，最好使用低温冷冻保护方法。当只能使用自然交配方法时，原地保护方法则是第一选择。

工作任务 3：应用所选择的方法

本指南其余章节还提出了建立和实施活体保护计划的建议。参见《动物遗传资源的低温冷冻保护》指南。

参考文献

FAO. 2012. Cryoconservation of animal genetic resources. FAO Animal Production and Health Guidelines. No. 12. Rome（available at http：//www. fao. org/docrep/016/i3017e/i3017e00. htm）.

第五章

为活体保护设立组织机构

综述

所采用的活体保护计划，国家与国家之间的情况会有所不同，物种之间也会有所不同。但是，在所有的计划中有一些方面是具有共性的。其中最重要的共同点是需要建立组织机构和提出具有可持续性的保护计划。组织机构是重要的，因为在大多数情况下，很多利益相关方都会参与项目的实施。虽然这些利益相关方都有自己的目标，但他们都应遵循的共同目标是要保持有足够数量的品种，以避免灭绝或基因退化。

利益相关方越多，对品种保护的贡献就会越大。对任何一个个体品种来说，有些参与方要比另外一些参与方更为重要，但是需要各类的利益相关方，这对于长期的保护计划的成功是必要的。在动物遗传资源管理中常见的利益相关方包括育种场（农民和牧民）、养殖户（农民和牧民）、使用者（如役用牲畜和繁育公牛）、政府机构、育种协会、育种公司、研究机构、非政府组织、动物遗传资源协会、畜牧产品的消费者和市场营销人员（Oldenbroek，2007；EURECA，2010）。

育种场的种群通常大部分都被指定用于保护的目的，所以育种场是最重要的利益相关方。大部分的育种场也是生产者（即饲养牲畜获取产品、销售或自用）。在没有对保护的品种实行经济补贴（EURECA，2010）的情况下，生产者是非常重要的。育种场的"大宗购进"是活体保护计划的重要组成部分。育种人员要非常清楚，从事纯种和存续种群的保护是重要的，是成功的基础。成功的保护活动需要众多的参与者，只有共同工作才能拯救品种。动物遗传资源的拥有形式与植物资源的拥有形式有着很大的差别。

育种协会可以在多方面对动物遗传资源的保护有所贡献，包括参加国家咨询委员会（FAO，2009；参见第一章）工作并与此进行沟通，作为品种资源的信息渠道、促进生产发展、营销和对育种场提供技术服务等方面发挥作用。育种协会管理着良种登记册、生产性能记录等，在组织和技术服务机构中发挥重要的作用。由于他们拥有大量管理很好的畜群且极富创造力，可能有些人会有偏见。

非私营的利益相关方可以在保护工作中发挥很重要的作用，但非常重要的是要与私营育种场紧密合作。总之，非私营机构（政府机构和非政府组织）应支持私营企业开展他们自己的工作，也要让私营育种场参与政府主导的工作。

特别是在亚洲、南美洲和非洲的一些国家，政府的育种场是重要的动物遗传资源储备库，在私营的育种场通过其他途径无法得到选定的育种材料的情况下，政府育种场为他们提供育种牲畜和精液。这样的机构同样对品种特性和其他的研究工作能作出贡献。他们承担着很现实的工作来保证所开展的计划能够为育种场带来短期和长期的效益。在适当的情况下，可以建立并加强这样的机构。

政府机构可以非常有效地促进和奖励动物品种所提供的文化和社会效益。欧洲国家日益认识到适应当地环境的品种的价值，它们在放牧时对自然环境的管理以及在农村保护历史和文化等方面起到了非常重要的作用。只靠私营企业很难对这些价值有充分的认识并给予奖励。很多业余爱好者饲养并培育适应当地环境的品种作为消遣休闲活动。这些非生产活动提供了品种保护的机会，但是对遗传多样性进行适当的保护和管理需要制度性的支持。

教育和研究机构也能在品种保护中发挥作用。这些机构，尤其在通过适当关注种群结构和育种策略以保证在小种群的遗传生存能力的技术服务方面发挥重要作用。同样，虽然有些品种资源有限，也很难在更广的范围内推广使用，但私营育种公司依然管理着不同物种中的重要品种。由于有些品种和品系已不作为直接的商业目标而开发，也没有长期的保护计划，这些品种早已淡出人们的视线。

本章将主要介绍各利益相关方在活体保护中的作用，特别强调了育种协会的作用。

吸引养殖户参与基于社区的保护项目

理由

由畜牧养殖户以可持续方式保护动物遗传资源是非常有效、非常实际且花费最少的保护方法之一。但是，这样的方法只有在经济上可行和有足够的技术服务支持才能够成功。所以，基于社区的保护项目，特别是对保护具有传统价值的指定品种应有清晰的目标。保护工作应从评价和确认目标品种的特性和确认每个品种的经济、社会和文化价值的特性上开始。关于如何组织这样的研究工作可以参考《动物遗传资源的表型鉴定》指南（FAO，2012b）。要让畜牧业从业人员参与到工作中来，这对保证制订保护计划所需资料的准确性、保持养殖户的积极性和参与性都是非常重要的，从而达到可持续发展。如果计划偏离了这些养殖户的偏好（参见插文21），养殖户就不会参与这个计划的实施。社区保护计划外部机构的作用主要是为目标社区畜牧业持续发展提供投入和技术支持。FAO 已经出版了基于社区的动物遗传资源管理的书籍，并列举了实例（FAO，2003a）。

插文 21
印度的哈利卡牛的保护

位于印度安得拉邦的阿南普尔地区的 Timbaktu 综合服务站是个非政府组织。综合服务站最初的工作是负责恢复沼泽地和森林，改良土地和植物的多样性，并在雨养地区的干旱盐碱地区进行小规模的有机耕作示范。2005 年，由于本地区已具有丰富水资源，当地的农民开始了大规模的农业生产，于是这个综合服务站的工作范围扩大到了牛的繁育和生产，Timbaktu 综合服务站组织农民到附近的奶业中心去参观牛奶产量较高的荷斯坦杂交牛。但这种参观活动对农民并没有产生太大的影响。农民们认为这个品种不适合当地的生产环境，同时表示出他们更喜欢当地的品种——哈利卡牛，这种牛在当地更为常见。农民们非常清楚，他们所需要的是役用牛的品种，产奶则是副业。这种意见让 Timbaktu 综合服务站的管理层有些意外，因为他们以前认为，农民们需要牛奶产量较高的杂交牛。但是，他们接受了农民的观点。于是，2007 年和 2008 年，他们从附近的州省购买了 950 头哈利卡牛在当地发展。5 年后，这个项目获得了成功。所有的这些牛都役用于农业生产而且每天生产 1～2 千克的牛奶，达到了农民的期望值。自该村引进哈利卡牛以来，牛群的数量大幅增加。

由 Devinder K. Sadana 提供。

目标

与畜牧业养殖户一起设计原地保护计划，这个计划应得到外部机构的支持，要通过促进社区的自主性和农民生活的可持续性，达到保护目标品种的目的。

信息来源

- 处于绝灭风险以及被认为具有较高保护价值的品种。
- 饲养动物品种地域的基础知识以及牲畜养殖户社区的生活方式、生产模式、饲养的动物及设施等情况。
- 养殖户对育种和保护工作是否有兴趣参与及所持的态度。
- 对技术和财政资源的专项费用。

成果

通过养殖户积极参与，制订出可持续的原地保护计划。

工作任务 1：选择保护活动的地点和合作方

步骤 1　确认并讨论品种饲养的地点

应用目标品种的背景信息和动物品种的调研报告（FAO，2011b），确认品种的原产地。

步骤 2　选择开展保护工作的社区

应在品种原产地选择一些村庄作为开展保护活动的候选村庄。具体到几个村庄参加活动主要依据于所要保护的品种的群体数量、本地区内分布、各地存栏情况以及资源情况等。提前掌握养殖户对开展保护计划最关心的问题会有助于村庄的选择。显然，如果畜牧养殖者和利益相关方能够积极参加，成功的概率是非常大的。饲养牲畜的养殖户是最为理想的目标保护群体（如无杂交品种或具有优秀的表型性状的品种），应鼓励他们积极地参与。

工作任务 2：对目标社区进行深入的调研

当选择了开展保护活动的社区后，下一步就是要安排工作任务。在大多数情况下，完成第一章和第三章中的工作只能获得一些有关所保护的品种和为什么要保护这些品种的资料。而更多的工作是制订可持续保护这些社区品种的计划。很有必要制订出如何让品种的保护工作能与改进社区农民的生活目标相结合。这需要在多方参与的基础上进行多方面的研究。如果能够得到有效的实施，这种方法不仅能从农民那里获得有效的信息，也会有助于建立今后在实施工作中所需要的沟通与合作的渠道（Franzel 和 Crawford，1987）。可以参看 FAO（2003b）提出的有关如何采用参与式方法开展农业和农村发展的综合性建议。在这个系列册子中，介绍了有关开展动物遗传资源调研和监测的指南（FAO，2011b）。列举了 Duguma 等（2010）

在开展动物遗传资源管理中的例子。

步骤1　做好准备工作

如采取自上而下的工作方法，即调查小组如果没有任何通知就到当地去调查，效果不会太好。应该采取分步实施的方法，先通知当地的社区人员调研的目的以及将要开展的工作。第一个通知的人员应为村长或重要的畜牧养殖户（有些时候也被称为"行为模范育种人员"，参见第八章）。特别是应注意与当地农民有合作经验的人员合作，比如非政府组织或政府农技推广人员。

步骤2　建立研究人员队伍并开展研究工作

在农村社区层面，由于存在太多的对品种可持续性的威胁因素，所以，动物遗传资源保护的问题会面临很多问题（参见第一章）。研究人员不仅需要重视遗传因素，还要注意经济和社会原因。因此说这是项综合性的工作。

调研人员收集到的信息内容应是广泛的，包括社区内的畜牧业生产，育种工作，养猪户对目标动物遗传资源的优势和劣势的看法，动物的产出、使用及市场销售情况，农业投入的渠道，以及市场机会等。应当理清生产系统中的限制因素。如果已经开展了第一章和第三章所制订的工作，就应该已经掌握了一些相关的信息。但是，还需要对开展保护计划的目标社区进行详细了解，特别是要确定影响目标品种可持续发展的具体威胁因素。最后，还要对农民参与动物保护项目的积极性和参与能力进行评估。

步骤3　审评结果

在进行了参与式的调研工作后，应对其结果进行综合性的评价，主要目的是为了决定最实用和最有效的目标动物遗传资源的保护方法。我们同时建议要与社区的农民们召开座谈会。

工作任务3：督促基于社区计划的实施工作

图2展示了在活体动物遗传资源保护和管理工作中，各利益相关方的互动关系。

椭圆形图表示的是主要的利益相关方（如畜牧养殖群体、政府、育种协会和其他非政府组织），矩形图的文字说明表示每一对利益相关方互相交换的"物品"，箭头实线则表示这些物品的流向。参与基于社区保护计划的利益相关方包括私营企业（产品营销和提供投入品）和公众（产品的消费者）。插文22解读了阿根廷的农民、政府和育种协会如何携手共同开展重要品种的保护工作。

正如图2所展示的，有些时候，比如在保护项目初期，有政府或非政府组织的投资和支持是非常必要的，这有利于促进目标品种可持续发展。例如，屠宰场的建设、收奶站和加工设施的建设有利于养殖户更好地进入市场，增加他们的收入以及畜牧养殖的经济效益。畜牧养殖户为了提高生产能力，也会在技术工艺方面进行投入，如在人工授精、兽医服务、补饲和市场营销方面（奶酪或酸奶生产）。但是，不能期望从他们那里获取贷款的支持。实际上，这些服务对于活体保护来说是个间接的支持。

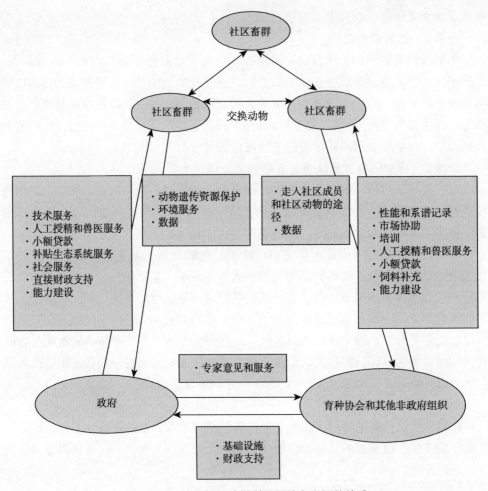

图 2   基于社区保护计划利益相关方之间的关系

插文 22
以公私合作伙伴模式保护阿根廷混血牛

阿根廷混血牛起源于西班牙人 16 世纪带入阿根廷的各种不同品种结合形成的混血牛。经过一段时间，这种混血牛已经完全适应了当地的各种自然条件。但是，由于英国人在 19 世纪引入了英国品种，这种混血牛只能在狭小地域进行饲养，导致这个种群的规模减少，几乎到了灭绝的边缘。在 20 世纪 60 年代，阿根廷国家级的研究推广机构——国家农业技术研究院开展了拯救和保护混血牛的工作，建立了育种协会。这个育种协会与研究所一起开始对混血牛的保护开展工作。实际上，国家农业技术研究院及数所大学共同承担了保护和特性鉴定工作。特别是研究所建立了 12 个动物基因库的网络，其中的 5 个是专门从事这种混血牛研究的。基因库所选择的主要方法是活体保护，但其中有一个基因库采用的是低温保存方法。这些群体一般为 50～150 头母牛，分布于各种不同的农业生态环境地区。研究所计划与育种协会开展合作，共同开展遗传评定和特性鉴定工作。育种协会帮助育种者开展市场营销工作。

由 Carlos Mezzadra 提供。

最后一点是，能力建设是基于社区的保护计划成功的重要组成部分（Brooks et al, 2012）。虽然畜牧养殖户有很多传统的知识可以用于保护计划，但他们对遗传多样性的管理、遗传改良和新增动物生产性能等方面不是很精通。所以，能力建设是可以对社区农民提供的另外一项服务工作。

步骤 1　帮助畜牧养殖户组织育种协会

受到保护的目标品种的牲畜都是由不同养殖户饲养的。个体饲养户有权决定如何饲养他们的牲畜。但是，如果与育种场共同开展工作并有共同的目标，通过群体的力量更容易实现其目标。所以，组织养殖户加入育种协会不仅有利于个体的农户，也有利于品种的可持续发展（参见插文 23，育种协会获取效益的例子）。这也为政府和非政府组织建立了一个共同工作的平台，会有利于提高动物保护工作的效率。从长期的和可持续的角度看，作为育种协会会员的育种场必须要得到实际的利益，他们才会持续开展工作。如何进一步扩大协会的覆盖范围，要取决于最初协会的计划以及品种的地理分布情况。在本章的后半部分专门谈到了建立和监测育种协会的详细建议。

插文 23
巴尼育种协会——印度的个案分析

位于印度西部的古吉拉特邦的卡其县的巴尼草原是巴尼水牛的发源地。这个水牛品种是由当地的牧民社区采用他们的传统育种知识和当地的生态系统培育的品种，完全适应当地特殊的环境。巴尼草原曾被认为是印度最好的、最大的草原，占地 2 400 千米^2。但是，在 20 世纪 70 年代初，巴尼草原开始退化。第一，由于流经草原的河流筑坝断流，不能将地表盐分冲走，土壤盐化日益严重。第二，由于外来植物牧豆树在当地栽种，成为高度入侵的物种。

2008 年，通过从事环境保护和牧区的传统复兴工作的非政府组织 Sahjeevan 支持，组成了当地牧区的育种协会。协会的宗旨是恢复当地的畜牧业经济，将巴尼水牛注册为认可的品种，以保护巴尼草原并保护牧民的传统养殖权益。

育种协会与国家畜牧业司、古吉拉特邦政府、Sahjeevan 非政府组织以及 Sardarkrushinagar Dantiwada 农业大学开展了数据记录、品种的书面简介并向负责办理印度全国品种认可的国家动物遗传资源局发放了注册登记申请表（参见插文 2)。2010 年，对巴尼水牛成功地进行了注册，列为全印度的第 11 个水牛品种。官方认可了社区农民自己培育并保护的品种，这在全印度还是第一次，也是对农民们几个世纪来所从事的努力的认可。

除准备品种的注册工作外，育种协会在 2008 年开始筹备畜牧展览会，当地语称为 "Banni Pashu Mela"，目的不仅是宣传巴尼水牛、草原生态环境下的高利润率，还注重宣传他们特殊的田园生活方式。协会还与奶业加工厂成功商定在巴尼地区组建牛奶加工系统，目前的收奶量已经达到每天 100 000 升。还有其他的一些乳品厂希望在本地区开展合作项目。

巴尼育种协会目前已拥有 900 个成员，来自巴尼草原的 19 个村庄。该协会已经在制订一个参与式的草原保护计划，该计划一方面强调如何掌握和使用牧区资源传统知识，另一方面也让当地农民认识到可持续利用资源的重要性。制订该计划的目的是反击由政府的森林管理部门制订的在该地建立标准围栏的计划。由于建立围栏的计划没有与当地农户协商，同时也忽视了当地牧民社区已经在巴尼生活了 500 多年，而且每年都从畜牧业生产中获得 10 亿卢比收入的事实。

由 Sabyasachi Das. 提供。

步骤 2   与社区农民一起建立品种保护计划

社区很可能会与政府和其他的利益相关方合作，建立并实施改进生产性能和保护遗传变异性的育种计划（参见第七章），但需要组织上和技术上的支持。外部的援助会有助于选择育种和发展目标，有助于实施和维护育种计划。插文 24 介绍了政府的研究机构如何在埃塞俄比亚建立的基于社区的绵羊育种计划中发挥作用。

插文 24
埃塞俄比亚门兹地区基于社区的育种项目

门兹位于埃塞俄比亚中北部，绵羊是当地的主要经济来源。为改善当地人们生活，中央政府制订了绵羊生产性能的改良计划，包括当地制订的基于社区的育种计划。当地绵羊具有一些积极的特征，包括适应当地的饲料资源、抗寄生虫以及肉味鲜美等。由于缺乏组织、育种知识和记录数据以及屠宰生长快速公牛的阴性选择方法，限制了遗传改良的进展。

项目开始于 2007 年，由 Debre Berhan 农业研究中心的研究人员发起。在规划会议上，确定了项目实施的具体地址。为收集有关育种和畜牧生产信息和资料，并了解育种和生产系统的特性，准备了调查问卷。随后进行的研究放在了选育程序、市场和社会效益等方面。在 2009 年，研究人员提出了新的选育项目，从活重、羊羔成活率和产毛量等方面，选择 2 岁且最好的 10% 的公羊开始选育。

农民们同意采用新的方法，于 2009 年 6 月开始对不同的羊群采集数据。对农民进行了培训，向每个农民发放了记录本。自那以后，对所有的新生羊进行了资料的记录工作。每两年选择一次公羊，分别在二月和六月。被选中的公羊分发到社区统一饲养的母羊群中（每组 8 头公羊）。每组选择一名农民作为组长，负责在母羊群中轮换公羊、汇报进展情况以及遇到的问题。

除开展育种计划外，还开展了一些辅助性的工作。为鼓励农民对此项工作感兴趣，在进行选择时，还向最佳公羊和最佳农民颁发奖励。还对农民开展了动物营养、饲料配方和疫病防治等方面的技术援助，并选择了一些农民对他们进行基础的兽医培训。针对市场的营销和育种活动组织了合作社。

该项目目前仍处于初始阶段，面临着一些挑战，但已经取得了一些效果。由于农民们参与了项目设计，因此对这个项目非常感兴趣，认为找到了改善生计的出路。

资料来源：Getachew 和 Gizaw 先生（2010）。

通过与育种协会共同工作，社区就可以对品种的目标性状进行鉴定，这是选育目标中的一项内容。在保护计划中，性状鉴别是动物遗传改良工作中最为重要的一个方面。选育目标应是简单和直接的，就是尽可能地发现种群中存在的遗传潜力。遗传改良会逐步地增加品种的平均遗传优点。有关建立选育目标的详细建议请参见《可持续管理的动物遗传资源育种战略》丛书（FAO，2010）。

不管有没有政府的资金和技术的支持，育种协会都承担着育种计划的各项工作，比如牲畜标识、性能记录、遗传评估。具备开展这些工作的能力是育种协会的主要优势，因为个体育种往往缺乏时间和技术能力，效率也不高。育种协会之间的合作，特别是针对跨境动物品种建立多国联合育种协会更能够提高工作效率。

步骤 3 考虑建立核心群

核心群应有几百头优质母畜和足够优秀且有生育能力的公畜（每 10 头或 20 头母畜要有 1 头公畜），这是管理种群的重要工作。在核心群内，可以采用更加严格的选育和配种方案，实施较为复杂和更有效的管理方法（参见第六章和第七章）。应采用"公开"的方式进行核心群的设计工作，即通过政府机构的核心群与个体养殖户之间的合作，采用双向基因流并在两个种群中的识别出优秀个体，来吸引当地的育种场。他们可以得到最大的利益，不仅从核心群中得到优良的种质，还可以有机会以最高的价格为核心群提供最好的牲畜。另外，如果管理方法正确，与以封闭的方式建立核心群系统相比较，公开的方式建立核心群系统可以减少近亲问题。但是，建立和饲养核心群需要较多的技术和资金的支持。做出费用预算和预期收益是整项工作非常关键第一步，也是获得政府或非政府组织或商业组织的支持关键的第一步。

步骤 4 提供奖励，包括能力建设、建立辅助机构等

提供具体的奖励或其他援助有助于处于危险的品种回归到可持续发展的轨道

上。比如，由于产品销售价格和产品销量影响了养殖户的生计，畜牧养殖户可能会放弃一个品种，甚至会全部放弃畜牧养殖。改善生产性能的工作或组织畜产品的统一销售工作能够增加养殖户的收入，同时也能提高牲畜的成活率。很多养殖户具有很丰富的养殖知识，技术上完全能够胜任家畜的养殖工作。但是，由于一些养殖户不可控的因素或由于其能力不足，会对品种形成威胁，可以通过培训解决能力不足的问题。虽然畜牧养殖户提供的服务被认为具有公益性，但是，并没有得到市场的肯定（如遗传多样性的保护和生态系统保护）。在这种情况下，应当考虑对提供的服务进行资金支持，但要注意这种资金的支持不会导致市场混乱，同时也要尊重国际贸易条款。详细的办法参见第八章。

某个特殊品种的消失很可能与大规模的农村发展相关联，导致育种人员（以及他们的后代）完全放弃了畜牧业生产而寻找其他的生计机会。如果这种情况属实，只提供一些奖励已经不可能解决问题。必须要认真考虑如何解决这种大规模威胁所造成的影响。可以考虑建立非农服务，比如为孩子们提供教育机会、改善卫生保健以及在农场外的其他就业机会，这样才能使社区得到全面的可持续的发展。

建立育种协会

理由

育种协会（英文称"breed societies"或"breed associations"）对于品种的长期保护工作的成功至关重要。它们可以发挥很多作用，包括对牲畜的威胁因素进行监测等。育种协会对大多数标准化的跨境品种有详细的记录程序和运转程序。标准化品种的育种协会所开展的工作同样适用于其他品种的保护工作模式。但是，当地品种的养殖户通常缺乏正式的组织。如何满足这些养殖户的需要，同时达到品种保护的目标，意味着必须要采用标准化品种模式的管理方式。将育种场和育种人员组织在一起具有很大的挑战。如果畜群长期处于单独的隔离状态，每个育种人员都会认为自己的畜群是具有特性的畜群，这样就会在制订共同目标（参见插文25）时发生碎片化现象和困难。起到主导作用的传统育种人员一般年纪较大，他们的后嗣对继续从事畜牧养殖没有更多的兴趣。由于容易产生品种消失的文化环境，这就威胁着动物品种的生存。如果想得到长期的发展，必须要超越个人的利益。传统育种场的观念对品种的发展和保护具有较强的影响。他们不希望发生较大的变化，即使外界认为这种变化对于品种的生存很有必要。

插文 25

美国的西班牙殖民者马匹育种协会

位于美国的西班牙殖民者马匹育种协会拥有着分散的种群，是非标准化的和野生的种群。由于当地居民对这个品种依附性极强，很多的育种场对整个群体产生了偏执的喜爱，当地对这个资源过于关注。其结果是成立了20个相同的品种协会，但马的数量只有3 000匹。这种碎片化的工作方式对长期的有效管理和存活率产生了很大的影响。受这种情绪的影响，其他行业的协会也开始了这种马匹的保护工作。导致育种场产生碎片化的主要原因是人们一定要保证该品种纯度的观念。这种观念导致了基因库越来越小，从长期角度看，具有近亲高风险。

育种协会是个民主的机构。其成员要具备一些标准，并要积极参与活动和制订各种条例。他们应具备参与决策的能力、有注册牲畜的资格，应从记录系统活动中获益并要参与推广活动。

目标

建立功能齐全的育种协会。

信息来源

- 品种的基因及统计数据等资料。
- 饲养种群的养殖户清单。
- 有关种群历史及目前功能及作用的知识。
- 育种场的育种目标及开展合作的历史。

成果

- 建立功能齐全的育种协会，要保存好下列文件：
  - —发展成员的标准；
  - —注册协议；
  - —条例及配套细则；
  - —成员的会费及入会费；
  - —教育及培训的交流方法；
  - —避免和解决冲突的机制。
- 育种协会与国家动物遗传资源管理机构的对话机制。

工作任务 1：评估对建立育种协会支持的力度

步骤 1　在启动参与型研究时，商讨建立育种协会的可能性

育种协会的成功主要取决于所参加的育种场的数量、参与意愿和参与兴趣。应尽快地对兴趣的程度进行评估，以避免浪费时间和资金建立一个不可持续的组织。社区的农民应对建立育种协会的益处和投入有充分的了解。

步骤 2　观察并发现社区内对加入及领导协会感兴趣的农民

育种协会是非政府组织，如果要取得成功，协会的领导人员必须要全力以赴地保护品种并且要得到人们的尊重。为了使协会有足够多的农民支持，保持可持续发展，一些国家只有在协会成立并开始运转后，政府才提供支持（参见插文 26）。

插文 26

拉丁美洲支持育种协会工作的两步法

在一些拉丁美洲国家，如巴西和哥伦比亚，在建立育种协会上采用了两步法，非常有意义。最初阶段，饲养着同样品种的一些育种场结合在一起，建立了一个被认为具有促进性质的组织。然后，这些育种场制订了一些品种的规章制度和图册，并邀请更多的人加入到协会中。在完成了这些工作后，就开始联系农业部并让其检查促进协会的文件，确认相关的动物群体是否为一个特殊的品种以及是否有足够的育种场数量（例如，在哥伦比亚，至少要有 10 个育种场）。如果农业部认为这个促进性组织达到了这些要求，就可以得到官方的确认并成为正式的育种协会，从事开展特殊动物品种的系谱登记的工作。在得到了正式确认后，必须要向农业部提交年度工作报告，还要附上一年内所有的系谱登记材料。农业部对正式协会负有审计责任。这种方法已经得到证实，是非常成功的。这个经验可供还没有建立协会程序的国家借鉴。

由 German Martinez Correal 和 Arthur Mariante 提供。

　　在一些国家，个人兴趣和尽心的工作基本上可以支撑一个协会的品种保护和发展工作（参见插文 27）。但是，即使是某个个人愿意承担品种的保护工作，他也希望得到外界的帮助。这种外界帮助对于只有一个主要的育种人员和一个利益相关方也会起到减少风险的作用。

插文 27
印度的塔帕卡牛的保护工作

　　品种的保护工作可以由积极性较高、直觉敏感、有意愿和奉献精神的个人来完成。印度拉贾斯坦邦的贾恩先生就是一个例子，在 20 世纪 90 年代，他感觉到当地的牲畜生产性能有所退化，其主要原因是当地的塔帕卡牛数量逐渐减少。到 1990 年的时候，已经到了绝灭的边缘。通过当地的非政府组织——"提升农村经济协会"，贾恩先生承担了饲养纯种小公牛并将小公牛逐个送给 34 个村庄的任务。根据与利益相关方商定的方案选择了感兴趣的村庄，每头公牛都送给村庄中的一个农户饲养，这个农户要同意使用这头公牛负责为其他农户饲养的母牛配种，并对配种进行了记录。当后代长大后，还对牛奶的产量进行记录。到 2007 年，这些公牛已经生产了 2 100 头纯种的塔帕卡母牛。目前这个项目仍在继续。

由 Devinder K. Sadana 提供。

工作任务 2：育种协会的建立和计划

步骤 1　确定加入协会成员条件

　　大多数的育种协会的条件都有所不同，正式成员应该是自己拥有种群并从事育种工作的农民。成员们都有自己的投票权，他们能够确定自己拥有的品种的未来，同时也可以对保护品种作出直接的贡献。

第一步重要的是确定什么样的育种场和品种能够代表传统的品种。这个过程决定着基础群，并对将来的品种后裔的发展有着影响。一般情况下，在选择品种的同时，也选择了育种场，因为这两个方面是互相影响的。协会之外的机构，如政府组织或非政府组织，可以通过这些步骤对协会有所帮助。最好是将当地动物群体中的纯种纳入进来，并保证不受到外界品种的影响。但是，如果确认纯种动物数量太少，为保证育种种群的生存，要将标准降低，以确保虽然不是纯种但具有比较高的本品种血统的动物纳入到基础群中（参见插文 28）。这种方法意味着可以立即获得更多的遗传变异，这对于今后品种的发展是大有益处的。

插文 28
将非纯种动物纳入到奠基群中

常见遗传血统相似性的概念对品种的定义起到了补充说明作用（参见插文 1）。这意味着，一个品种最好与其他品种的基因没有交流过，即其他种群的基因没有基因渗入现象发生。根据育种工作的实际经验，一种动物如果不具有 12.5％ 的外部（外生的）基因（即 8 个祖代之一来自另一品种）就可以接纳到品种中。根据这一经验，如果一种动物的基因具有 12.5％ 的外部基因，就可以被视为另外一个不同的品种，不能纳入到奠基者群中。标准的良种登记册中，一般不认为具有超过 12.5％ 的外部基因的动物为纯种，而有些情况下，对这个百分比要求的更加严格。

由 Phil Sponenberg 提供。

除发展积极的育种场为正式会员外，协会还可以考虑扩大其他形式的会员（扩大资金来源渠道），虽然这些会员对育种政策起到的作用有限。以这种形式加入的会员可以是非育种场或非成年人的“初级”会员。这样的会员一般不具有投票权，但可以享受协会中提供的其他服务。对于不能生产畅销产品和纤维产品的品种来说，比如马品种，可以考虑发展未从事育种活动的马匹使用者为正式会员。这些人员可以通过使用马匹和促销对品种的保护有所贡献，在进行决策时，需要倾听他们的意见。

协会发展新的育种场为会员是非常重要的，包括那些曾饲养过该品种但不属于特定文化团体的会员。发展新的育种场有时会威胁到传统的育种场，其主要原因是对品种的保护工作会有所放松。纳入更多的育种场会产生文化上的变化，影响到品种的选育和价值取向。如何管理好这些问题非常具有挑战。

如果有可能，协会应确认长期的传统育种场，保证他们持续参与工作。对这些传统的育种场可以实行一些费用优惠，如减少登记注册费用、取消或减少会费等措施。

步骤 2　建立登记议定书

大多数的育种协会对动物进行登记和验证系谱等工作。所采用的程序必须是一贯的，标准是统一的。有很多的软件系统，各有优劣，都可以用于这个目的。准确和完整的工作会产生效益。比如，系谱的 DNA 验证具有高度的准确性，但对于那些生产性能低的个体和粗放饲养的品种来说，这种方法有些不切实际。

育种协会对非标准化的品种进行登记注册的作用与协会对标准化品种的登记注册作用是相同的。但是，对于粗放养殖的品种，特别是对拥有多个公畜的群体和生产性能低的个体（如家禽、山羊和绵羊）来说，还需要其他的程序。一个方法是对全群而不是对个体进行登记和监测，非常重要的一点是要保证纯种，要根据当地的文化和畜牧生产习性，对每个个体品种制订出合适的规程和验证方法。

一个新的和扩大的育种协会必须要制订一个办法，这个办法就是在登记的种群中如何选择候选动物。一些方法适用于逐个动物（参见插文 29），另一些方法适用于整个畜群。插文 30 介绍了对逐个动物进行登记所采取的方法。插文 31 介绍了整个畜群登记的方法。在经济发达的国家，最常见的方法是新成立的育种协会在短时间内对基础群体进行登记，之后，则只对曾注册的父代和祖代的后代进行注册。这对标准化的品种来说是比较典型的方法，但对非标准化的品种来说效果则一般，这主要因为在偏远的地方发现纯种是需要很长时间的。必须要制订出将新发现的动物纳入进来的程序和办法，并得到统一和正确的使用。

插文 29
将尚未注册的动物品种编入良种登记中

需根据候选动物的产地和种类的文件记载进行登记注册。应对种群（包括地理、基础群、遗传隔离时间、其他品种的动物来源及进入该种群的时间）的历史以及每个动物的表型特征进行审评。如果可能，应开展 DNA 检测，以观察其他品种基因渗入情况，但在解释其结果时要谨慎，因为与其余的品种相比，从长期的偏远的地方发现的真正的纯种动物经常具有新型的 DNA 变异。这些动物由于遗传特性增加了遗传多样性，对品种来说是非常宝贵的。如果需要，还可以开展后裔测定工作以验证繁育出传统类型的动物。如果开展了 DNA 的验证工作，后一项工作就不是很重要了，但如果候选的动物具有新的表型变异（如毛皮颜色、头角等），此项工作还是有益处的。将新发现的动物纳入进来对已经有长期良种登记册的标准化的动物来说是非常重要的。比如，要对新发现的动物进行登记注册，这对于种群规模较小的品种的保护工作获得长期成功是非常重要的。在这种情况下，新发现的动物在进入到已有的群体中时要享受到平等的待遇。如果不能享受到平等待遇，即使纳入到良种登记册中，这些新发现的动物在遗传基因上的贡献也会被稀释掉，其潜在的效益也会被遗忘。完善的和可持续的育种协会是希望对新纳入的动物实施更严格的标准，需要数代的纯种记录资料（一般为 1～5代），才能进入到正式的良种登记册中。

由 Phil Sponenberg 提供。

插文 30

将尚未登记的动物纳入到秘鲁胡卡亚羊驼血统册中的协议

羊驼和美洲驼是秘鲁非常重要的动物遗传资源。为帮助改进管理工作，1997年，成立了羊驼和美洲驼的官方系谱注册所（OGRAL）。这个注册所其中的一个目标是根据羊驼的绒毛和体型，识别并记录具有特定表型的羊驼，以便将这些动物纳入到血统册中。

由育种协会代表、研究机构、非政府组织以及国家大学为成员的委员会建立了进入国家血统册的胡卡亚品种羊驼的登记条例。建立了外观评分系统，分值为100分：

- 羊毛
  - —细度：40
  - —长度：10
  - —密度：10
  - —卷曲：3
  - —均匀度：7
  - —小计：70
- 体型
  - —头：10
  - —高：10
  - —纤维盖后腿比量：5
  - —总体外观：5
  - —小计：30
- 总计：100

由农业部负责培训的官方技术人员对动物进行评估。只有获得至少 75 分的羊驼才能进入到官方系谱注册所的血统册中。群体中只有 1% 的动物达到登记注册的标准，这些被登记的动物作为种畜具有很高的价值。

───────────────

由 Gustavo Gutierrez 提供。

插文 31

美国沿海南部当地羊联盟的协议

美国沿海南部当地羊联盟已经制定了新的保护兰德瑞斯品种的协议。机构和条例控制在最小和最少范围之内，但建立纯种种畜是该联盟的主要目标。主要条款包括：

- 其他品种的绵羊不能在墨西哥湾沿岸羊群的保护地饲养。特别是在还没有对动物进行个体识别和采用多头公畜配种的方式的情况下，这样做可以避免其他品种的基因渗入。
- 每个群体都要提交本群体的简介，包括原产地及成立年份。
- 对群体以附件形式进行文字记载，包括来源、日期和性别等。附件资料最好来自于联盟确认的纯种群体。
- 每个群体要有年度的统计数字，包括其他附加信息的来源。
- 如果育种场保存着不同羊的家族群，视每个家族群为单独的群体进行跟踪。

这些条款保护着品种的遗传完整性，同时还能以当地的传统资源形式保存下来。但是，育种场需要作出承诺，因为即使是很低水平的品种繁育活动（群体文件证明、附加资料文件证明和年度统计数据）都会导致偏离传统的轨道。

由 Phil Sponenberg 提供。

性能及体型鉴定记录计划对很多育种协会来说是非常重要的，特别是对那些要开展选育工作的育种协会来说更为重要。这些资料对于品种改良计划是非常有用的，而育种协会是保存这些资料的最佳地点。

步骤 3　制订章程

选举程序

对决策过程制订详细的规程可以有助于避免混乱和争议。章程确认了会员在各项决策过程中贡献、投票及会员的合法性。有个极端的例子，某个协会对每一项决策都进行投票表决，但这只局限于比较小的协会。较大的协会一般由官员或董事会进行决策，但要保证所作的决策要反映会员的意愿。

很有必要建立选举程序，包括选举间隔的规定。这种程序鼓励协会内更多的会员参与协会事务，促进会员的忠诚度和归属感。要保证最早加入协会育种场的积极参与，可以颁发给他们一些特殊的荣誉。

董事会

在大多数的协会中，成员选举负责制订具体程序和政策的董事会。董事会成员数量有所不同，但是为了保持工作的连续性，最好采取交叉任期方式。比如，如果董事会有 6 名成员，任期 3 年，可以拿出董事会的两个职位每年选举一次。这样，两名新的成员能与工作了 4 年的两名成员和工作了 2 年的两名成员一起工作，这样就能保证工作的连续性，同时也能保证领导层中有积极性高、有创意的新鲜血液。为达到这个目的，很多协会对连续任期的成员作出了限制。大多数董事会都设有召集主席、副主席、秘书和财务等，在较小的协会内，还设有登记员。

步骤 4　确定会员会费及入会费

会员会费及服务费（如登记等）是非常重要的收入来源，用以满足协会的日常支出。

大多数情况下，这些费用一般由成员或董事会来决定。费用的制订要公平和统一，并且不能频繁变化。会费及服务费的目的是更加强调登记和参与的重要性。根据协会的目标和畜群的规模大小，一些协会只收取入会费，不收取牲畜的登记费。这样做能够鼓励对所有的牲畜进行登记，也促进了拥有较大畜群的育种场参与到该项工作中来。

步骤5　为教育和培训项目建立联系方式

育种协会内部的沟通能够达到多种不同目的，每种目的都需要具体的机制。育种场之间的联系建立了一个内部的共同体，其目标应为培养一种归属感和参与感，让育种场感觉到应多参加今后的育种工作并起到重要作用。以简报、会议、田间展示日、展览会或博览会、网站及电子微信群等方式都可以培育这些感情。

协会还有必要教导育种者如何对品种进行有效的保护。其目标应该是拥有信息灵通、工作热情高、对种群动态及重要性非常了解的成员。育种者必须要了解品种的传统使用方式、价值及类型。可以利用的教育方式包括田间展示日、研讨会、传统的简报以及电子联系方式。

育种协会在向消费者宣传其品种及产品中能够发挥重要的作用。营销和其他促销活动对协会长期的可持续发展非常重要（参见插文32）。

插文 32

美国莱卡斯特长毛羊的促销活动

美国的莱斯特长毛羊育种协会在保护世界上最大的国家莱斯特长毛羊种群中起到了越来越重要的作用。该育种协会从不组织一般性的竞赛展示活动，而是支持采用"分级打分"的方法，即由3名裁判按照品种标准对每只个体羊进行"分级打分"。根据评估结果，给每只羊颁发一个确认其相对质量的"卡片"：蓝色卡片表示为超级种畜，红色卡片为良好种畜，黄色卡片为可接受的种畜，白色卡片则表示不能作为种畜使用。这个过程起到了教育作用，因为在对每只羊进行评估后，其中之一的裁判要向观察员解释整个过程和结果，这保证了向育种场及公众对品种类型进行了有效的宣传。

来源：Sponenberg 等（2009）。

步骤6　制订并采用冲突解决程序

由于育种协会由独立个体的育种场构成，成员之间不可避免地会产生矛盾。如果不能明断的解决，就会影响种群的使用范围和扩大，也可能发展到灭绝的边缘。大多数的冲突是就某个具体问题产生，发生在成员之间或育种场之间，但是有些矛盾是关系到动物育种理念（如育种目标）、生产和可持续使用等方面的。必须要建立一种机制及早的发现冲突，并得到快速和公正的解决。解决冲突的程序必须要集中在品种的需求上，包括开展工作的育种场的需求。特别是在建立已适应当地环境的品种的育种协会时，解决冲突显得更为重要，因为这些育种人员是非常传统的，而且也是非常孤立的。在一些情况下，冲突是可以预见到的，也是可以避免的，或至少可以最小化。插文 33 介绍了一个特殊的例子，即有个育种协会专门制订了消除会员之间文化差异的政策和做法。

插文 33

消除育种协会成员间文化差异的方法

育种协会必须经常关注自己潜在的文化准则。如果某个动物品种由不止一个文化传统的社区的农民饲养，其工作一定具有挑战性。在美国，纳瓦霍菊罗绵羊与新墨西哥、亚利桑那州的蒂尼纳瓦霍（土著人）以及西班牙裔社区有着几个世纪的联系，同时，在最近也与英美资源集团育种者和爱好者建立了联系。

从历史角度看，由于政府的干预，包括种群迁移、对杂交进行补贴以及限制其在公用土地上放牧等原因，纳瓦霍菊罗种群的规模一直徘徊不前。1900 年代开始的大规模淘汰羊群计划造成种群的数量下降至 500 头左右。作为应对的办法，为了避免这个品种灭绝，育种者自己组织起来制订了育种计划。这些育种者很幸运，因为主要的育种场具有三种不同的文化并延伸到其他的社区内。这些主要的人员建立了纳瓦霍菊罗绵羊协会，具有跨文化的组织标准。不能忽视小组内的文化差异，而是应该接受并视其为品种保护工作的一个重要方面。这样就能保证文化差异并有效地服务于保护工作，而不是起到破坏作用，专注于品种的保护及今后的持续发展。

由于组建一个包容性的协会任务比较艰巨，虽然纳瓦霍菊罗绵羊协会还没有完全整合包括当地土著社区在内的育种场，但也尝试着尽量满足各个不同族群的需求，采纳他们的意见。只有对候选的绵羊（即使亲本已经注册过）进行检查之后，才能进入纳瓦霍菊罗绵羊的良种登记册中。由于英裔美国人社区非常熟悉这些程序，这种模式的效果非常好，但这些程序对于饲养了该品种几百年的蒂尼和西班牙裔的育种者来说则有些陌生。为增进融合，协会将纳瓦霍人和西班牙裔巡检人员分散到传统的绵羊养殖区域，加强对传统的育种场的巡检工作。具有相同文化背景的人员进行巡检有助于沟通、鼓励并参与其中。

由于纳瓦霍菊罗羊毛和羊肉的销售很好，得到了很好的经济效益，他们都积极地参与协会工作。生活与土地黑山纺织协会是个非盈利性的、帮助蒂尼社区的机构，主要以"公平贸易"的形式从事羊毛和羊毛制品的销售工作。由于将参与合作、品种确认和增加商业机会等实行了有机的联合，保证了协会的生存。加入协会是体现不同社区各自文化和对品种作出贡献的一种非常重要的方式，提升了拥有该品种的意识。虽然品种和社区养殖户依然面临着一些障碍，但通过社区之间的合作，该品种还是具有很好的发展前景。

来源：Sponenberg 和 Taylor（2009）。

　　最好是达成一致意见，协会所有的会员对品种保护和发展形成一致的战略。但是，在一些情况下，冲突可能很难解决，育种协会有可能分成若干派别，每个派别又有自己的目标（参见插文 34）。在这种情况下，种群的管理显得尤为重要，因为分开种群会造成更小 N_e 的亚组以及更少的资源，对协会的工作会产生不力的影响。

插文 34
美国得克萨斯长角牛育种场关于基因渗入的不同观点

　　在有些情况下，育种者之间的矛盾是很难解决的，必须要采取果断措施。这样的矛盾就曾发生在美国得克萨斯长角牛育种场之间。不同的育种场在改善生产性能选育和严格的保护传统的表型上持有不同意见。一些育种场特别赞成通过杂交的方式对生产性能进行改进。具有传统意识的育种人员非常担心杂交后品种的变化。他们认为，最为安全的方式是在种群内选择传统类型。这样，品种就会保持其特性，特别是能够保持对炎热、干燥环境的适应性。这种意见分歧导致种群分为两个组，传统意识较强的育种者从事纯种繁育，反对外形和体型上的变化，虽然这样做能有效地保证种群中短期的生存问题，但是体型和生产性能只能保持在目前的水平上，改进的余地很少。至于该决策形成的长期影响，目前还不是很清楚，但还是有成功的希望，因为作为传统的品种依然适应当地的环境，而且也可以作为最终开展的杂交活动的基础母牛群体。

由 Phil Sponenberg 提供。

审计育种协会及工作

理由

很多育种协会为了做好动物遗传资源的保护工作，需要政府的支持或需要与非政府组织合作。这种支持是正当的，因为协会的活动有利于公众的利益，比如生物多样性的保护、发展农村地区或者增加食品安全。这种支持可以反映在资金上，也可以反映在物资上。对所提供的帮助需要进行定期的审计，这样的审计有助于保证在保护工作中有效地利用所提供的支持。

不管外部是否提供了援助，育种协会应定期进行自检，以保证其会员得到相应的服务并使其动物遗传资源的管理目标得到有效的实现。

育种协会应对品种的作用进行积极的监测和评估，因为这些品种是畜牧业中非常有价值的自然资源。工作任务包括对品种和产品的需求以及对长期生存威胁等进行评估（FAO，2010）。对品种价值评估和宣传通常需要强有力的育种协会，如果育种协会工作软弱、不求上进就不会受到国家决策者和利益相关方的重视（FAO，2009）。

还有些情况，特别是对稀有品种来说，由于育种场的数量较少，不足以成立育种协会开展所有的工作。即使协会较大，拥有足够的力量开展育种的管理工作，但要对每个品种都要有一套单独的设施，从经济角度上来说效益不一定会好。在这种情况下，比较明智的办法是建立一个伞式组织以便为其他相对独立的育种协会开展各种管理工作。插文 35 介绍了这种模式。

插文 35
综合良种登记册——英国联合育种协会

较小的育种协会经常面临的问题是资源短缺。这会导致管理效率较低，也就意味着协会不能够向其会员和育种场提供全面的育种和技术支持。在较大的协会中，可以建立一个中心设施用于覆盖几个种群，就可以解决这个问题。

1974 年，鉴于一些育种协会没有自己的办公地点，由全国畜牧有限公司建立了综合良种登记册制度。目前已经对 8 个绵羊品种提供了服务。综合良种登记册的首要任务是保护每个品种的遗传完整性（纯种繁育）并宣传每个品种的价值。

综合良种登记册最初只是在英国全国畜牧有限公司内部使用。由一个委员会具体负责实施。该委员会的成员来自于每个动物品种的代表，在英国全国畜牧有限公司董事长的领导下开展工作。每个育种组都对自己拥有的品种做了大量的工作，主要的任务是宣传自己的品种。这些综合良种登记册之后均交给了非政府组织稀有动物生存基金会进行管理。

综合良种登记册所提供的服务包括：

- 对所有纯种动物的登记注册，包括身份、父代、母代、出生日、雌雄、花色及角等；
- 对每个品种的近亲繁殖、亲缘关系及个体奠基者贡献进行计算；
- 对亲子鉴定的基因图、产品来源及品种转让的认识；
- 对育种政策及个体的配种计划提出建议；
- 通过网站、文献、展览和畜牧展览会对会员品种的宣传；
- 冲突的解决。

由 Lawrence Alderson 提供。

目标

为育种协会、繁育工作以及保护计划制订出审计程序。

资料来源

- 育种协会的法规及章程。
- 确定协会的工作任务，包括育种和保护计划。

成果

- 育种协会的审计程序及审计内容。

工作任务1：评估参与和决策程序

步骤1　评估会员参与工作的机制

优秀的育种协会鼓励其成员广泛参与协会的工作（FAO，2010），应欢迎所有成员参与并有所贡献，并应采用民主的方法来决定重大事项，以避免由一个或少数几个人操控。一些育种协会由于某个人或持反对意见的群体深陷于争论中，虽然这些人自己认为他们的意见是正确的，但这种争论会使品种得不到支持，也会造成协会会员的流失。确保协会能让社区农民提高社区意识，并能惠及所有的成员是非常重要的目标。

步骤2　评价决策程序

育种协会需要共享和公开决策程序，倡导协会为会员所拥有，并培育积极参与的精神。如果协会要取得成功，畜牧养殖户和育种场——他们都非常了解自己拥有品种的生产方式——必须要参与决策，他们的意见和态度应得到尊重（FAO，

2010)。

步骤 3　审评惠顾会员的条款

育种协会应对其育种协会会员提供技术支持（FAO，2010），包括（根据实际情况）畜牧、卫生、动物选育和动物育种技术等。还应制订出保证种群长期生存的战略。

步骤 4　评估发展新会员的程序

评估发展新会员的程序应当包括评估会员章程、新老会员的参与程度以及登记注册等。育种协会应具有包容性并欢迎新的育种场加入。尤其当非标准化品种建立新协会时，这点特别重要。保证育种群体不断发展壮大而不是萎缩是非常重要的。

工作任务 2：对协会管理的种群进行遗传纯度鉴定

正如上所述，如果协会积极从事保护价值很高的遗传资源，就应该得到公众支持。如果没有实现这个目标，就不应给予继续支持。

步骤 1　评估纯繁水平以防止随意性的基因渗入

这种评估需要包括检查育种场在基因渗入方面的隐瞒和欺诈行为，还要防止由于疏忽大意而把杂交的品种吸收进来。育种协会必须要坚持纯种繁育并要向其会员强调。应在公开场合承诺纯种繁育，并将其作为协会的核心内容。开展竞赛活动，比如畜牧展览会或生产比赛评奖是引起兴趣、回报和积极参与的好方法，但也可能同时向杂交的欺诈行为提供奖励。如果家畜展览会现场或生产比赛的奖牌颁发到有明显的基因渗入的品种时，就会向育种成员发出非常不好的信号。总之，协会应坚持育种场要认识和鉴别纯种，而不是通过杂交试图改变其品种。

步骤 2　检查亲本信息的准确性

正确识别动物是非常重要的，因为这样做可以避免出现杂交现象，并保证对育种值的准确评估。正如上述所说，例行的 DNA 检测在很多情况下难以实现，但很多育种协会还是希望采取一项计划，即通过使用个体 DNA 和假定的亲本来随机检查动物亲缘关系的比例。当然，政府希望对这样的项目进行审计，特别是在政府对动物识别和性能测定等方面提供了支持的情况下更要审计。

工作任务 3：对作为遗传资源的品种管理工作进行评估

育种协会需要对自己的地位保持清醒的认识，并要对拥有的品种承担责任。如果协会能够资助开展育种项目，这种责任感应更强烈。但是如果有外部援助，那么就会对这种自主性增加一些约束条件。通过资助机构对种群和育种计划进行不定期的审计，可以有助于评估品种发展可持续性和确定其生存能力的威胁。

步骤 1　分析协会管理的种群结构

对整个种群的家族分类的程序进行评估，还应建立品种的普查和种群结构的评估机制。效率高的育种协会应定期监测种群的群体结构。要对育种人员进行教育，教育他们不要在育种工作中追逐暂时的时尚，以保证下一代具有广泛的代表性。过度使用少数几头优良种畜会产生瓶颈。这对同一个品种会造成伤害，而且会对处于灭绝的种群产生灾难性的影响。育种协会应当教会育种人员如何保持健康的种群结构。在非标准化种群中，不同家族间的差别是非常大的，所以正确认识品种中不同种属或父系的价值是非常重要的。育种协会应当监测种群规模，包括种群中动物之间的平均遗传关系。

步骤2 评估育种和保护计划

应对协会的管理种群的遗传变异的计划进行评价。如果育种和保护计划包括遗传改良，那么就应检查种群的遗传和表型趋势从而估计出这些活动的效果。育种协会要特别注意观察具有较高的遗传变异以及对将来的品种发展非常重要的动物群体或个体（FAO，2005）。协会可以积极地宣传防止遗传退化的规章和制度，并鼓励会员之间互相交换他们的牲畜（FAO，2010）。但是这种计划要有广泛的基础，以保证不让任何畜群由于过度使用种畜而使整个品种的生存陷入困境。应对畜群间的遗传交换程序进行评价，也要对低温冷冻工作进行评价，包括对未充分显示其性能的动物的冷冻配子进行评价。

建立集中式的异地保护项目

理由

一般情况下，如果进行动物遗传资源的活体保护，都倾向选择*原地*保护的方法。原地保护方法的益处已经在第三章讨论过。但是，在另外一些情况下，活畜的异地保护是更为实际的选择。比如，由于种群的数量过小，以至于很难由一些养殖户饲养。另外，只具有选择和存在的价值、养殖户饲养没有效益（即目前未使用，参见插文 12），但仍然需要它们继续以活体形式存在（不宜用低温冷冻材料保存）的品种。育种工作需要进行严格的监控，这样的监控即要求只能在某一个农场内进行异地保护。异地活体保护项目一般是由政府或非盈利性的非政府组织出面实施和负责的，而不是由商业性的机构来实施的。

在很多国家，政府和非政府组织都拥有公益性质的农场，开展研究、教学和开发之用。这些农场一般都饲养着对经济发展非常重要的各类品种，通常作为示范中心和优秀的种质生产和分发中心使用。例如，印度就具有发育良好的公益性农场系统。

建立专属的农场对品种进行保护，需要对基础设施进行大量投入并需要其他的资源。由于这些原因，异地保护计划一般局限在很少的具有特性的品种上，而且群体规模不大。已经在第二章讨论过，小种群的基因成分由于遗传漂变，会迅速变化，很有可能发生遗传特性遗失和减少遗传变异现象。在管理异地保护的种群中最大的挑战是维持其遗传变异性。

目标

建立并保护集中饲养的繁殖群中重要的动物遗传资源种群。

资料来源

- 异地保护候选品种清单以及其特性的描述资料。
- 充分了解需要保护的品种每个个体动物所处的具体位置，包括私营育种场或公益农场饲养的品种。

成果

- 建立处于危险的品种的公益畜群，积极开展保护它们的遗传变异性。

工作任务 1：制订保护计划并获得设施和资金的支持

由于建立并运转活体异地保护项目需要较高费用，必须提前制订财务使用计划以及保存足够的物种和品种的遗传差异性计划。

步骤 1　评估现有的公益育种场

如果可以使用目前的设施和人员，那么异地活体保护项目从资金上讲就是可行的。这些设施可以包括政府和非政府的农场。

步骤 2　确定项目保护的目标品种

根据第三章和第四章所介绍的程序确定项目的保护品种，需要注意的是要将没有列入其他保护计划的品种纳入到项目中。

步骤 3　开展可行性调研

活体动物遗传资源*异地*保护项目的费用是非常高的，同时也需要实质性的计划。用于种群本身的资金已经很紧张，所以，必须要向保护项目出资的单位（政府或私企）讲清楚其重要性。必须要开展可行性调研，以确定建立和保护项目所需的费用。费用估测必须要考虑最初动物的收购、动物的保存、设备的采购和维修以及人员的费用。如果被保护的动物能够产生收入也应包括在计划内。

步骤 4　争取可能的资助方

除争取政府支持外，还可以考虑争取有兴趣参与保护农业遗传资源多样性的非政府组织的资助。

步骤 5　撰写保护计划并向政府官员和资助方提交保护计划

要以有说服力的论据争取资助方对保护计划进行资助。必须要强调受到保护的动物遗传资源的价值，包括机会成本及机会损失。开展好调研（步骤 3）工作有助于撰写建议书。

工作任务 2：建立并实施项目

假设成功完成了工作任务 1，就可以进入建立和实施项目阶段。

步骤 1　在公益农场建立畜群

人们普遍认为，受到保护的动物遗传资源种群的 50 个 N_e 是比较适合的目标（FAO，1984；FAO，1998）。这个可以不作为开始时就需要立即完成的目标，但要将其作为一段时间内通过种群的管理和连续购入的目标来实现。除已经纳入到公益农场的畜群外，还可以向养殖户购买育种用种群。虽然可以通过减少保护项目的基础群规模达到节约资金的目的，但可能出现奠基者效应（在从很少数量的动物中选育出新的种群时，由于遗传变异而产生的遗传漂变现象）。动物群体较少的等位基因频率可能与较大的种群的等位基因频率有差别，等位基因会全部遗失。

从保护项目以外的地区购买的动物应是无病的和无缺陷的，应具有所要求的品种特性，而且要具无亲缘关系。最好要具备超过平均水平的经济性能（生产和适应性能），以满足农场自身可持续性的发展。应采购最好的种公畜（至少每 10 头母畜要有 1 头公畜）。

步骤 2　制订公益畜群的育种和饲养策略

在公益农场，可以成功地对育种方向进行决策，应采用最为先进的方法控制遗传变异（即最小的共祖率或最优贡献理论——参见第六章）。考虑到动物遗传资源的价值以及政府或私营的资助方对建立保护农场的大量投入，必须要采取相应的措施减少疫病、事故、遗传漂变、近亲以及来自其他品种的污染的风险。如果采用了人工选育方式（或由于受控环境下的自然选育与种群"自然"环境有所差异）和由于潜在的遗传漂变，就有可能在受到保护的畜群和原始群体之间产生遗传代沟。应对这种潜在的效应进行评估和监测。这种"适应性圈养"通常对于野生动物更为重要（Frankham，2008），但是，与家畜，特别是对来自于恶劣生产环境的家畜来说也有着一定的关系。

步骤3　在项目中建立基因库贮存动物种质

如果种群从原始基础上发生漂变，保存原始群体的遗传材料就可以恢复遗传变异性，如果灾难（如疫病、火灾或自然灾害）摧毁了大部分的活体种群，保存的原始群体的遗传材料就可以重建种群。在第四章已经介绍过，如果活体动物遇到灾难时，异地活体保护（特别是单独的农场）是面临着一些风险的。

步骤4　使用公畜开展生产活动

最好是将异地种群作为资源，开展对原地种群的管理和改良工作。比如，挑选优良的年轻公畜在整个群体中使用。

有关使用很小的种群开展动物遗传资源进行异地活体的管理的更多建议可以参见欧洲畜牧品种避难及救援中心出版的指南（ELBARN，2009）。

建立分散式的异地保护项目

理由

如上所述，建立和实施公益农场的动物遗传资源的异地活体保护项目需要大量的投入。解决这个问题的一个可行的方法是采用分散模式来扩大种群，即政府农场内已有的畜群与非政府组织或有意愿从事商业或休闲养殖业的私营个体的畜群结合在一起。很多现有的公益农场已经参与了该项重要的保护活动。所有的农场都在这项工作中发挥了重要的作用，且对他们其他的工作没有造成任何负面影响。

与人工授精中心、核心群和活体种质存储地相关的农场都是这个项目潜在的合作方。畜牧养殖户作为使用者和种质的提供方参与了这项工作。可以在公益农场建立生产冷冻精液的设施，可以向合作的畜牧养殖户提供本品种纯种公畜的种质。数个品种的畜群可以形成一个工作网络作为联合的育种保护和系统的遗传改良的基地。该模式的基本设计参见图 3。有关如何在公益农场更有效地开展动物保护工作参阅插文 36。

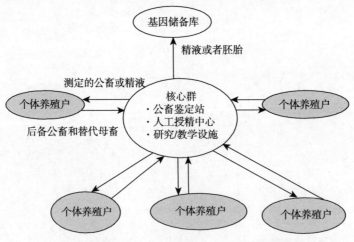

图 3   公益农场畜群和个体养殖户分散式异地保护计划

插文 36
印度收容棚在保护项目中发挥的作用

印度的收容棚是个公益性的、独立的牛避难所，拥有自己的土地和圈舍设施。这个机构通常都有来自政府和资助方的帮助。在印度，目前有大约 4 000 多个收容棚。这些收容棚主要为非泌乳的、虚弱的、不具生产性能的以及流浪牛服务的。据估计，大约 1/4 的收容棚具有适于活体保护目的的潜力（Sadana，2007）。

印度的很多收容棚保存着各种不同的、适应当地环境的纯种牲畜，比附近的畜牧养殖者饲养的畜群更为集中。

几个先进的收容棚贮存着资料齐全的适应当地环境的牛品种，所产的公牛的质量也非常的高。他们对保护和改良这些品种作出了直接的贡献。但是，他们拥有的资源和技术服务手段有限，不能有效的保护和改良这些品种。如果要更加有效地开展活体保护工作，这些先进的收容棚要做好以下工作：

- 确定哪些收容棚存有大量的、处于危险的纯种牲畜；
- 支持收容棚开展基础设施的建设工作，将收容棚由动物的康复中心改造成遗传资源中心；
- 在每一个收容棚，将牲畜分为纯种群和非纯种群，并分群饲养，如果群体规模较大，可以有选择性的筛选出一些纯种动物；
- 对纯种牲畜开展鉴定、生产性能记录和育种计划，通过选育改良纯种；
- 向当地的农村社区分发多余的纯种牲畜，首先分发到有意愿继续饲养纯种牲畜的养殖户。

要与收容棚签订协议，不要采用杂交或不能使用对品种的遗传纯度产生影响的做法。作为回报，可以对收容棚提供科研和技术服务，如果有必要，还可提供财政支持。应鼓励和支持收容棚确定出特殊和增值产品，以增加他们所饲养的品种的经济价值。

由 Devinder K. Sadana 提供。

目标

在一个或多个公益农场的核心群或分散的种群中建立和保护重要的遗传资源的群体。

资料来源

- 活体异地保护的候选畜群名单以及特性的介绍材料。
- 充分掌握这些品种每个个体动物所处地点，包括私营育种场和现有的公益农场以及相关的知识。
- 保证从政府或开发机构获得支持。

成果

组成一个公益农场畜群和当地畜牧养殖畜群的网络，积极开展处于危险种群的可持续的管理项目。

工作任务 1：建立受到保护的种群

步骤 1　确定基础群的规模以及选育标准

为保证拥有足够的遗传变异性，基础群应由至少 25 头、最好 50 头以上母畜组成。除此之外，至少每 10 头母畜拥有 1 头公畜。基础群中具体的动物数量取决于实际情况，包括品种普查的群体规模、公益农场的承载能力以及拥有的资源。选育的标准应当包括传统品种特性及生产性状（生产及适应能力）、与本品种中其他牲畜，以及与被选为基础群牲畜较低的遗传关系等方面。

步骤 2　从合作伙伴的畜群中筛选出基础牲畜

根据步骤 1 列出的标准，应从公益农场和养殖户的畜群中挑选出基础公畜和母畜。要给动物打上耳号并记录。母畜可以在中心公益农场中饲养，而应对大多数公畜进行挑选并打上耳号，由牲畜的主人继续饲养，并用于其他养殖户的育种目的。应对公畜的主人采取一些奖励措施让他们继续饲养这些牲畜，并保留纯种后代。

工作任务 2：受到保护的种群的管理

可以使用不同的方法对保护的种群进行管理。以下介绍了根据公畜和精液分布而开展的项目。

步骤 1　管理基础群的配种，生产新的公畜

应让同品种的公畜（或精液）与基础母畜配种（或受精）。可以与畜牧养殖户签订饲养公畜后代至 6 月龄的协议。还可以选择其他的年轻公畜到保护的种群中（每 10 头或 20 头母畜拥有 1 头公畜）。今后，可以采用两种方法，取决于牲畜是由养殖户饲养还是由开发机构或公益农场饲养。

步骤 2　管理公畜的选择及分发

方法一：开发机构或公益农场

如果具有人工授精技术，开发机构或公益农场可以购买年轻公畜。这个机构可以饲养公畜至成熟，然后对其进行采精培训。在成熟时，根据生长、精液质量和耐冻力等，至少要选择 25 头公畜。要对每头公畜集采 3 000 剂精液，进行低温冷冻，用于品种改良和保护（生产力强的物种需要较少的剂量）。剩余的种公畜可以分发到养殖户中，用于本品种的本交。

方法二：个人畜牧养殖户

由畜牧养殖户饲养选育的公畜，并给予他们奖励报酬以支付保护公畜的费用。当公畜达到育种年龄时，养殖户可以保留它们并向当地的母畜提供本交配种服务。养殖户可以收取配种服务费用以支付饲养种公畜的费用。在这种情况下，就可以停止奖励报酬，养殖可以通过提供配种服务自负盈亏。

步骤 3　设计育种和本交策略

根据第六章所述的通用理论以及本国的条件和技术能力，在实施公畜选择、精液和公畜的分发时，其目标应为最大限度地提高遗传多样性。如果不具备实施较为复杂的育种计划的技术能力，应尽量统一使用公畜（即每头公畜要取得基本相同的后代数量）。当具备了技术能力时，就可以采用最优贡献理论选育公畜。

参考文献

Brooks, J. S., Waylen, K. A., Borgerhoff Mulder, M. 2012. How national context, project design, and local community characteristics influence success in community-based conservation projects. *Proceedings of the National Academy of Sciences*, 109: 21265 - 21270.

Duguma, G. Mirkena, T., Haile, A., Iniguez, L., et al. 2010. Participatory approaches to investigate breeding objectives of livestock keepers. *Livestock Research for Rural Development*, 22 (available at http: // www. lrrd. org/lrrd22/4/dugu22064. htm).

ELBARN. 2009. ELBARN guidelines. Konstanz, Germany, European Livestock Breeds Ark and Rescue Net (available at http: //www. elbarn. net/elbarn/ELBARN20072010/WP2/tabid/100/Default. aspx).

EURECA. 2010. Local cattle breeds in Europe, edited by S. J. Hiemstra, Y. de Haas, A. Maki-Tanila & G. Gandini. Wageningen, the Netherlands, Wageningen Academic Publishers (available at http: //www. regionalcattlebreeds. eu/publications/documents/9789086866977cattlebreeds. pdf).

FAO. 1984. Genetic aspects of conservation in farm livestock, by C. Smith. *In Animal genetic resources conservation by management, data banks and training*, pp. 18 - 24. FAO Animal Production and Health Paper. No. 44/1. Rome (available at http: //www. fao. org/docrep/010/ah808e/AH808E03. htm#3. 2).

FAO. 1998. Secondary guidelines: management of small populations at risk. Rome (available at http: //www. fao. org/ag/againfo/programmes/es/lead/toolbox/Indust/sml-popn. pdf).

FAO. 2003a. Community-based management of animal genetic resources. Proceedings of the workshop held in Mbabane, Swaziland 7 - 11 May 2001. Rome (available at www. fao. org/ DOCREP/006/Y3970E/Y3970E00. htm).

FAO. 2003b. Participatory development: guidelines on beneficiary participation in agricultural and rural development, edited by B. van Heck. Rome (available at http: //www. fao. org/ docrep/007/ad817e/ad817e00. htm).

FAO. 2005. Options and strategies for the conservation of farm animal genetic resources. Report of an International Workshop. Rome (available at http: //www. fao. org/ag/againfo/pro-grammes/en/genetics/documents/ITWG-AnGR4/Montpellier-AnGR-Report. pdf).

FAO. 2009. Preparation of national strategies and action plans for animal genetic resources. FAO Animal Production and Health Guidelines. No. 2. Rome (available at www. fao. org/ docrep/012/i0770e/i0770e00. htm).

FAO. 2010. Breeding strategies for sustainable management of animal genetic resources. FAO Animal Production and Health Guidelines. No. 3. Rome (available at www. fao. org/ docrep/012/i1103e/i1103e00. htm).

FAO. 2011a. Molecular genetic characterization of animal genetic resources. Animal Production and Health Guidelines. No. 9. Rome (available at www. fao. org/docrep/014/i2413e/i2413e00. htm).

FAO. 2011b. Surveying and monitoring of animal genetic resources. FAO Animal Production and Health Guidelines. No. 7. Rome (available at www. fao. org/docrep/014/ba0055e/ba0055e 00.

pdf).

FAO. 2012a. Cryoconservation of animal genetic resources. Animal Production and Health Guide-lines. No. 12. Rome (available at http: //www. fao. org/docrep/016/i3017e/i3017e00. htm).

FAO. 2012b. Phenotypic characterization of animal genetic resources. Animal Production and Health Guidelines. No. 11. Rome (available at www. fao. org/docrep/015/i2686e/i2686e00. pdf).

Frankham, R. 2008. Genetic adaptation to captivity in species conservation programs. *Molecular E-cology* 17: 325 - 333.

Franzel, S., Crawford, E. W. 1987. Comparing formal and informal survey techniques for farming systems research: a case study form. *Agricultural Administration and Extension*, 27: 13 -33.

Getachew, T., Gizaw, S. 2010. Achievement of the community based sheep breeding project in Menz area. Presentation prepared for ICARDA-ILRI-BOKU project workshop on Designing Com-munity-based Breeding Strategies for Indigenous Sheep Breeds of Smallholders in Ethiopia, Addis Ababa, 29 October 2010 (available at http: //mahider. ilri. org/handle/10568/2563).

Oldenbroek, K. (editor) 2007. Utilization and conservation of farm animal genetic resources. Wa-geningen, the Netherlands, Wageningen Academic Publishers.

Sadana, D. K. 2007. Gaushala [cow-herd] for in situ conservation of indigenous cattle breeds. Paper presented as a side event during the International Technical Conference on Animal Genetic Resources for Food and Agriculture, Interlaken, Switzerland, 3 - 7 September (availa-ble at http: //www. fao. org/ag/againfo/programmes/en/genetics/documents/Interlaken/side-vent/6 _ 3/Sadana _ pa. pdf).

Sponenberg, D. P., Henry, J., Smith-Anderson, K., et al. 2009. Leicester Longwool Sheep in the United States: saving an international rarity. *Animal Genetic Resources Information*, 45: 93 - 98.

Sponenberg, D. P., Taylor, C. 2009. Navajo-Churro sheep and wool in the United States. *Animal Genetic Resources Information*, 45: 99 - 106.

第六章

设计保护项目

保存小种群的遗传变异性

理由

正如前几章所描述的，种群处于危险的程度——导致其生存的概率——很大程度上取决于所保存的遗传多样性的水平。高水平的遗传变异性让种群适应了环境和生产方式的变化，可以防止近亲和其他有害问题的产生。小种群（即可能被纳入保护计划的候选群体）更容易出现遗传信息丢失的现象。所以，实施保护遗传多样性的管理策略对于保护项目来说是重要的。

在管理小种群遗传多样性时可以采用两种策略。第一个是（在本章中有描述）在种群中保护或提高遗传变异性。这个策略的主要内容为：

1. 根据对保护遗传变异性方法的清楚认识，采用一般的育种策略保护品种；
2. 考虑采用本交策略以减少近亲产生；
3. 将低温冷冻保护方法纳入到活体遗传变异的管理中。

第二个可能的策略是（参见第七章）充分利用优化选择响应和种群中遗传变异性。这种策略的主要内容为：

1. 采用一般的育种策略保护品种；
2. 设计出既能产生遗传改良效果，同时又能保存遗传变异性的育种计划。

在多数情况下，选择哪一种策略取决于种群规模、普查数据规模或 N_e。遗传改良与保护遗传变异性的目标相悖，所以保存变异性应先在小种群中开展。在第二章（工作任务 3）中已经描述过，如果品种受到严重威胁或濒临灭绝，特别是前者，那么管理工作就应聚焦在对变异性的保护上。对于易危种群来说，遗传改良更具实际性。但是，保存遗传变异应是任何一个种群保护项目的重要组成部分。

遗传信息丢失

对于具有稳定规模的畜牧种群，遗传信息的丢失（替代等位基因有助于种群中遗传变异性）都是由选育和遗传漂变造成的。一般意义上讲，自然选育起到了消除有害等位基因的作用，而人工选育则会修复改善表型载体的等位基因。对于没有经过严格的人工选育的显性过程的小种群来说，选育的影响（自然或弱人工选择）是很小的（大多数的遗传变异体与表型相比是中性的），任何特定的等位基因的命运（即最终的丢失或修复）主要是由遗传漂变造成的，这是一个随机的过程。遗传漂变是由于产生后代的配子的有限扩散和随机抽样而产生的等位基因频率的波动（即种群中的等位基因的拷贝数量）（Falconer et al, 1996）。这个随机的取样分两步。第一，如果后代群体较小且繁育没有被控制（即由于交配随意性，每头牲畜所生产后代数量不一样），种群中的一些牲畜就不会对下一代贡献后代。这些牲畜的独特基因的信息就会丢失，其他的牲畜就会对下一代贡献多个拷贝基因信息。第二，为产生后代，每头牲畜个体在基因组的每个位置都会贡献携带两个等位基因之一的配子。如果亲本是杂合的，（即在给定的基因座上携带两个不同的等位基因），两个变异中只有一个会遗传到特定的后代。即使所有的个体都留有后代，其遗传信息也会丢失。

丢失遗传信息后果

小种群的遗传漂变的后果为：

- 任何特殊的等位基因都不会遗传到下一代（遗传信息会被丢失）的可能性增加；
- 近缘之间的交配（即近亲）的可能性增加，动物将在任何一个基因中遗传相同的等位基因的可能性也会增加。

即使是随意的交配，小种群中有亲缘关系的动物的交配比例也在增加，家族内交配随着种群的规模缩小而增加。当然，如果有亲缘关系的动物任意交配，任何规模的种群都会产生近亲问题。血统的纯合体的可能性越大，种群中的个体之间的平均关系程度也就越高。增加的纯合体不会显示出与健康相关或生产性状，危及了种群的安全。这种现象被称为"近交退化"（参见插文 37）。

插文 37

近 交 衰 退

家畜物种是二倍体，这意味着每个个体家畜在基因组的每个位置上（基因座）都携带两个遗传信息（两个等位基因）。在特定的基因座上，两个等位基因或是同样（纯合的）或是不同（杂合的）。每个个体的特性的性能取决于所携带的等位基因的类型。有些时候，只要等位基因是纯合性的（即当两个等位基因相同时），就会有明显的效应。这样的等位基因被称作为隐性。如果等位基因具有有害影响（表达的特征不明显）杂交个体会具有正常性能，但是是具有害等位基因的携带者。遗传漂变促进了均质接合体数量的增加。由于杂合性的补偿效应而未被发现的有害等位基因越加频繁的显现，其特征的平均值也在降低。种群的平均性能的衰退被称为遗传退化。如果等位基因影响了与健康相关的特性，其后果会大大降低存活能力。如果基因座控制着生产性能的特性，种群的平均性能就会下降，品种的利润率就会大打折扣。这两种情况（降低健康水平或降低利润率），都会增加其灭绝的风险。所以，小种群规模的群体会导致遗传后果和动物种群减少后果（参见第二章中的表 2 至表 7）。

近交系数

近交系数（F）是衡量从 0（非近亲）到 1（完全近亲和纯合的个体，具有两个同样的染色体的拷贝）多样性的范围。近亲在小种群内是不可避免的。如果血统能追溯到很久以前，就可以找到共同的祖先，显示出所有的动物都是有亲缘关系的。所以，种群的平均 F 取决于参照/基础群的定义，即所有的个体都被假定为非近亲和没有亲缘关系（如种畜登记开始时的奠基群）。其结果是，具有多代系谱的种群往往会有较高的 F 平均值，而具有较浅系谱的种群有较低的 F。

近交率

由于系谱数据的差异而引起的偏差，近亲率（ΔF）是更具有信息量的参数，与发生的近亲数量相对应，确定为每代的近亲繁殖的变化（即 $1-F$）。这个概念的益处在于它与参照种群组无关，允许在已知的种群间进行比较。这里有几个假设，使用简单的公式，就可以计算出 ΔF。计算 ΔF 有助于对种群将来的性能进行预测，以确定种群最小的可行组合和制订管理策略。在本章的后半节还有详细论述。

ΔF 也是一个描述当前种群现状的非常有用的数据。能够追溯种群的历史经过（例如，瓶颈或种群在数量减少的期间），也可以确认品种的危险现状（参见第二章）。也可以使用额外的家谱分析信息从遗传角度来研究种群的历史。这些分析得出了一些参数，如奠基者群有效数量、奠基基因组和奠基者表征（Caballero et al, 2000）。通过这些现象，就可以确定在起源之初时种群的变异，还可以了解到在过去一段时间内种群管理的情况。

有效群体大小

正如第二章论述的，有效群体大小（N_e）是用来估测种群遗传变异的参数，这个参数根据一种假设理论，即较大群体不受随机漂变的影响，具有更多的遗传变异而得出的。让我们回顾一下：N_e 是理想群体规模，与真正的群体具有同样的近亲率（ΔF）。这个理想群体拥有相同数量的公畜和母畜，也都具有同样的机会生产后代。这是个理论的概念，在实际的情况中，这个群体是不存在的。但是，这依然可以用于比较目的。与理想群体的特征有任何的偏差都会影响 N_e 的计算结果。这就会增加种群（普查数量）中的牲畜数量与 N_e 之间的差别（参见插文 7，关于影响 N_e 测定值的因素）。ΔF 和 N_e（$\Delta F = 1/2N_e$）之间具有紧密的关系，其结果是两个参数均描述相同的概念。在多数情况下，遗传变异的遗失（如参数遗传方差估测的）是与 ΔF 成正比的，这也表示出 ΔF 在估测保护遗传变异的计划时是非常有帮助的。

关系及共祖系数

个体之间（使用共祖系数所估测的 f，即两个个体的后代的抽样等位基因的可能性）的关系是另外一个有用的参数，因为这个与传统的多样性估测是相同的。全球的种群的共祖率反映出在各种不同的个体上发现的遗传信息是多余的。从数学上讲，平均种群共祖率是相等的（$1-He$），这里 He 是预期的杂合性。如第三章论述的，He 是遗传多样性的公测度。当一个群体中的公畜和母畜的数量有差别时，在每对公畜之间，全球共祖率必须以 1/4 平均共祖率计算，加上每对母畜之间的 1/4 平均共祖率，加上可能的每对公畜和母畜之间的 1/2 平均共祖率。由于后代的 F 是亲本 f，所以共祖系数也与近亲有关系；如果亲本没有分享相同的等位基因，个体动物是不能携带与后代相同的等位基因的，因为在每个轨迹上的等位基因都是来自于不同亲本的。

近亲率及共祖率

近亲率（ΔF）与纯合个体同一祖先的概率，以及共祖率（Δf）是与多样性丢失有关联的。在随机交配情况下，两个参数在后代中是相同的。但是，如果再细分群体或采用选型交配（即，如果采用或避免亲缘配种），ΔF 和 Δf 就会偏离（Falconer et al，1996）。因此，为确定种群的遗传危害，就应根据 ΔF 和 Δf 计算出 N_e。从遗传角度上，将种群再分为几个孤立的品系（例如，通过地理上的孤立或在同族间随意的育种）可以对种群的多样性进行高水平的保护（低水平的全球 f），但是会受到每个亚群中大 ΔF 的有害影响。

从系谱中很容易计算出两个 F 和 f 的结果。所以，我们强力推荐，在生产系统和物种的生理机能允许的情况下，可以通过记录数代每个个体公畜和母畜，对种群的系谱进行追溯。系谱记录可以有效实施管理策略（参见本章末节及第七章），而且可以避免采用如分子标记基因型这种昂贵的方法。已经研发出了几种计算方法来计算任何系谱的 F 和 f，包括对较大谱系的高效计算方法。也可以得到免费的计算软件。比如有两个软件，ENDOG[19]（Gutierrez et al，2005）以及 POPREP[20]（Groeneveld et al，2009），当然还研发了其他几款软件（Boettcher et al，2009，已列出了清单）。当系谱包括更多的世代资料时，这些程序也会计算出并提供有益和可靠的结果（F 的较大估测）。

最低有效种群的规模

最低的可接受的 N_e 被确认为是种群的 N_e，保证着种群不受近亲退化（或与减少遗传变异的其他威胁相关）的影响而能够生存。总体上讲，50 是可以接受的 N_e，至少可以保证短期或中期的种群生存。所以，每代的希望值 ΔF 不应超过 1‰ $[\Delta F = 1/(2 \times 50)]$。通过不同的包括公畜和母畜组合而成的种群结构就可以得到这些数据。比如，无选择（即每个亲本后代的随机数量）挑选 25 头育种公牛和 25 头育种母牛，会产生期望值。但是，减少公牛数量必须同时增加母牛的数量。比如，20 头公畜，34 头母畜，或者 14 头公畜和 116 头母畜，也同样得到 50 的 N_e（有关 N_e 的计算结果，参阅第二章插文 7）。在种群中实施的管理程序会影响到 50 的 N_e 所需的种畜的数量。当只实施了保护策略时，所需要的数量就会较少，但当选择特别的特性时，所需要的数量就较多（参见第七章）。当然，种群规模是最小的规模。对于种群长期的存在来说，则需要较大的动物群体。

管理策略的方向

根据上述的讨论结果，可以得出的结论是，管理策略应侧重于通过最小化 ΔF（Δf）或最大化 N_e 来降低遗传漂变的影响。对影响 N_e 的了解程度有助于有效的制订保护策略。当种群的 N_e 急剧下降到低于 50 时，由于缺乏健康和生育能力的遗传多样性以及累积的遗传缺陷的负面影响，就达到了不可持续的水平。这种情况由于群体数量每一代（犹如水从水槽和浴管排出）都持续下降，统称为灭绝旋涡。对这样种群来说，必须采用更为彻底的"遗传拯救"的策略（参见插文 38）。

---

⑲　http：//www. ucm. es/info/prodanim/html/JP _ Web. htm.

⑳　http：//popreport. tzv. fal. de.

插文 38
遗 传 拯 救

当一个种群已不能健康繁殖自己的群体时，种畜的数量每一代都会无可挽回地下降，种群就会陷入灭绝旋涡的陷阱。这种情况会经常出现（瓶颈），主要是由于过去的过度近亲繁殖、遗传多样性水平大幅下降以及遗传缺陷的累积。如果种群进入了灭绝旋涡，可以采用两种策略进行补救。

第一种方法是改变群体所处的环境，使其更适合群体生存（如通过建立异地活体保护项目）。加强管理以及兽医服务，可以提高动物健康水平并进行繁殖。但是，要注意保证群体不要适应新的、更为优越的条件，这样会导致群体不再适应以前的生存环境。

第二种方法是采取与适应相同环境的另一品种进行杂交，这个品种所具有的特殊适应性应接近于处于危险中的品种。这个过程被称为遗传拯救。所引进的动物数量应保持在最低，即使只有很少的外来遗传材料（即，另一个品种，但不一定来自于另一个国家）也会产生较大的积极影响。比如，如果采用外部等位基因 p 比率，近亲就会按比例降低 $1-(1-p)^2$。如果引入 10% 的外部等位基因，群体的近亲就降低近 20%，这取决于初始值 F。比如，如果 $F=0.30$，引入 10% 的外部等位基因会导致群体 $F=0.24$。整个过程必须要得到很好的控制，以避免外部遗传信息过度地渗入现象。在杂交的后代中，应选择呈现原来表型的后代，通过与处于危险的纯种回交的办法建立下一代，直到清除掉大部分的外部基因信息。可以采用分子标识的办法来增加选育的准确性，以达到清除外部等位基因的目的。

目标

了解与遗传漂变有关的因素并制订策略以减少遗传漂变的发生。

资料来源

下述的种群特性信息：
- 种群规模；
- 物种的繁殖性能；
- 在不同利益相关方之间互换动物群体遗传材料的可能性。

成果

- 制订减少遗传漂变和保护遗传多样性的综合育种计划。

工作任务 1：采取保护品种遗传多样性的育种策略

每一个畜群或种群的所需的物资和资金是有差别的。所以，下面所论述的策略不一定适合所有的情况。首先介绍了简单的步骤，然后介绍了技术和更加复杂的步骤。育种人员以及动物遗传资源管理人员应当决定采取最适合本地情况的方法。步骤1、2、3能够适合大多数的保护项目。

步骤1　最初时要尽量纳入较多的牲畜，以减少遗传漂变

纳入到保护项目中的动物首先应是健康的，且尽可能是非近亲和无亲缘关系的。但是，如果有资金的支持并且有能力进行保护，就不要剔除有亲缘关系的动物。要对保护项目中的种群的所有畜群同时开展工作。这样做就可以在项目开始时就利用最大的可变性和机遇减少遗传漂变。除此之外，与其他品种公畜杂交的母畜的数量应得到恢复，而且只能用于品种内的交配。如果条件允许，真正（普查的）种群规模应尽快得到增加以减少由于种群构成的随机性的灭绝风险并增加 N_e。

步骤2　增加种公畜的数量

遗传信息的一半是通过各个性别遗传的。所以，无论种群中有多少其他性别的个体，表征不明显的性别（通常为公畜）是降低 N_e 的决定性因素。例如，假设公畜和母畜中后代为随机数，群体中有2头公畜和1 000头母畜与有4头公畜和4头母畜的群体具有相同的 N_e。如果只有1头公畜，所有的后代应至少具有半亲缘关系，F 平均值在一代内由零增加到 0.125 以上。

步骤3　延长世代间隔

由于当配子产生时等位基因随机抽样所产生的遗传漂变，每代的 ΔF 已经明确。但是，如果世代间隔（即用多长时间补充父母代——参见插文39）较长，每代相同的 ΔF 应该分布到更多的年份中，以减少每年的遗传变异性的损失。通过饲养个体动物，且这些动物始终具有繁殖能力，就可以增加世代间隔，也可以通过采用低温冷冻材料的方法延长使用时间，遗传信息就不会丢失，对增加品种的遗传变异性会有所贡献。

插文 39

世　代　间　隔

世代间隔（L）是种群基因的时间单位。通常解读为作为直接培育的后备畜群出生时的父母代的平均年龄。在很多情况下，这个参数与所有的后代出生时的父母代的平均年龄具有相似值，但也会有些差别。由于繁殖年限有所不同，公畜和母畜之间的世代间隔是不相同的，应分别计算。由于对群体贡献的等位基因的一半来自于公畜，另一半来自于母畜，世代间隔是种公畜和种母畜之间的平均世代间隔。例如，公畜一岁龄时产生了后代，那么，60％和40％的后代在出生时，母畜的年龄分别为一岁龄和两岁龄，$L_s=1$ 和 $L_d=0.6\times1+0.4\times2=1.4$ 岁（s 代表公畜，d 代表母畜）。通过计算平均值，得出种群的 L 为 1.2 岁。个体被当做种畜使用的时间越长，L 值也就越大。

但是，当实施选育和遗传改良项目时，必须要注意到增加世代间隔会降低每年的选择反映。所以，当品种数量已经发展到足以开展选育时（如 500 头母畜和 $N_e > 50$），世代间隔必须要摆脱遗传进展及维持变异性等因素的影响。这一问题在第七章中进行了描述。

步骤 4　对每个个体的贡献进行平衡

该步骤是重要的，目的是让所有动物的遗传信息遗传到下一代动物群体中。在公畜和母畜数量相同和没有开展选育的简单情况下，有效种群大小近似值为：$N_e = 4N/(2 + S_k^2)$，N 是种群的普查规模，S_k^2 是每个个体贡献的后代数量差异。如果每个个体的贡献是相同的，S_k^2 成为零，N_e 为群体规模的两倍（最大的 N_e）。如果用简单的方式表达，就是通过每头公畜获得一头公犊和从一头母畜中获得一头母犊，就可以得到相同的贡献率。但是，如要实现这个计划，必须要在高度的控制条件下完成。

正常选育和交配系统

如果条件允许，可以在"正常的"分层系统中实施步骤 4。在这个系统中，用同样数量的母畜与每代的一头公畜交配。总的概念是向下一代提供平等贡献并让每个个体尽可能地传播遗传信息。通过在家族内开展选育（即从每个家族中选择出最好的雌性或雄性），由此从公畜家族中得到一头公畜从母畜家族中获取一头母畜（Gowe et al, 1959）。根据这个程序，近亲率的公式为 $\Delta F = 3/(32N_M) + 1/(32N_F)$（$N_M$ 和 N_F 分别为种公畜和种母畜的数量），比用随机贡献获得的 ΔF 要少：$\Delta F = 1/(8N_M) + 1/(8N_F)$。还可对这种方法进行细化，不仅通过控制每个亲本的后代数量，还要控制每个个体对跨代后代的贡献率，以得到更小的 ΔF（Sanchez-Rodríguez et al, 2003，参见表 8）。

表 8　不同管理条件下的近亲率* 以及有效种群大小**

公畜及母畜数量	家族内的选育		
	随机选育	Gowe	Sánchez-Rodríguez
3♂9♀	5.6 (8.9)	3.5 (14.3)	2.9 (17.2)
5♂25♀	3.0 (16.7)	2.0 (25)	1.7 (29.4)
6♂18♀	2.8 (17.9)	1.7 (29.4)	1.4 (35.7)
10♂50♀	1.5 (33.3)	1.0 (50)	0.8 (62.5)

* 以百分比表示（预测值）。

** 作为插入成分（预测值）。

应当注意的是，上面提到的随机贡献率只是在缺乏对特性选育情况下有效，对于个人饲养的家畜种群来说则不太现实。由于养殖户都保留高产的牲畜，他们通常都开展混合选择，但也偶尔选择亲缘品种。可以采用 Santiago 和 Caballero (1995) 的建议实施这一项简单的工作（参见第二部分）。这个简单的方法包括用系数 0.7 除以公式中的 ΔF。但是，根据上述的规则系统，可以在家族内的进行选育（参见

第七章），不会增加近亲率。

简单的策略

可以采用更为简单的策略对个体的贡献进行有效控制。在使用人工授精技术时，应从每一头种公畜中采取同样的精液数量并进行分发，以减少公畜产生的后代数量的差异。联想到特征不明显的性别对 ΔF 有很大的影响，简单的策略就是限制每头种公牛对下一代的后代比例。这就暗示着最大数量的公畜参与了育种项目。在极端的情况下，每头公畜给下一代（如果群体数量增加，每头公畜所产的仔公畜应是相同的，但要超过一头）只留下一头仔公畜。这样，公畜产生的雄性后代数量的差异就会降低为零。在高产的物种中，也应注意使母畜的贡献相等，即要避免有限的育种母畜数量对下一代的后代贡献情况发生，特别是要保证公畜的后代由不同的母畜的后代组成。

使用谱系最小共祖率贡献法

当掌握了系谱资料后，可以采用较为复杂的方法，即最小共祖率贡献法。正如前述，共祖系数（f）是动物通过血缘而共享的相同的等位基因。有亲缘关系的动物具有相同的祖先，携带着相同的等位基因拷贝。有亲缘关系的动物的遗传信息是充裕的，只要共享的等位基因传递到下一代，就不用太过于关注是哪一个亲缘动物遗传的。所以，对将来种群有贡献的个体以及每个个体产生的后代数量可以根据他们与其余群体的共祖率计算出来。在这个过程中，与普通群体关系紧密的动物处于非常不利的地位（只允许生产很少或几乎不生产后代），而相关性不大的个体会被选择生产更多的后代。后一种动物被认为携带着特殊遗传信息，如果不生产后代就会丢失这些信息。这种策略至少在短期和中期内减少了 ΔF。

最小共祖率贡献法不受理想条件的偏差影响（这种方法可以解释相关奠基群，不需要按常规的方法从每个亲本中选择同样数量的后代，并且可以解决交配失败的问题），能对符合特殊物种生理机能施行严格的限制（例如，从任何个体中选择最多数量的后代）。但是，这种方法也存在一些不足。第一，这需要对繁殖过程进行严格的控制，只适用于特殊群体，如核心群。第二，以计算机形式进行计算是比较复杂的。该方法的目的是要寻找到一组贡献率 c_i（即每个个体动物的后代数量 i）以减少函数 $\sum\sum c_i c_j f_{ij}$，这里 f_{ij} 是每一对可能的个体之间的共祖率 i 和 j。即使是对于小的种群来说，也具有多个可行的解决方案，但要找到最佳的解决方案需要使用复数算法，还需要使用计算机。所以，使用这个方法需要专业技能。如果从事的不是人工选择，免费的软件 METAPOP[21]（Pérez-Figueroa et al，2009）是可以有助于动物保护项目中使用的。

最初研发最小共祖率贡献法时，是希望与从系谱数据计算共祖率配套使用的。所以，建议并推荐在开展的任何活体保护项目中要对动物的系谱进行登记，以便能够根据种群的管理计算出共祖率，也可以使用 ΔF 监测项目是否成功。由于进行系

㉑　http：//webs.uvigo.es/anpefi/metapop/

谱登记（每个动物的父亲和母亲）所产生的效益要远超于所增加的支出。

使用分子信息最小共祖率贡献法

分子标记除在估测遗传变异性和进行品种优先保护顺序时使用（参见第三章）外，在种群的管理中也是一个非常重要的工具。在没有系谱资料的情况下，在种群管理中可以使用分子信息以减少遗传漂变。对分子资料还有其他的使用方法：

1. 部分系谱的恢复、重建或校正（如通过亲本分析、解决未确定的血统问题，Jones et al，2010）；

2. 根据分子相似性估测血统共祖率（Ritland，1996）；

3. 基于相同的分子共祖率矩阵系谱得到的共祖率矩阵的后备方法（Fernández et al，2005）。

上述三个方法可以视为实施最小共祖率配种策略的部分内容。已开发出根据分子标记估测血统关系的计算软件，包括：SPAGEDI[22]（Hardy et al，2002）以及COLONY[23]（Jones et al，2009）。在 Martínez 和 Fernández（2008）中可以获得父系分析的免费软件以及共祖率估测的软件。

由于技术的进步，使用分子分析法的费用持续降低，所以就可以在种群的管理中使用该分析方法。特别是对单核苷酸多态性的研发和商业化（SNP）大大提高了准确性，通过使用分子信息就可以管理遗传多样性（参见插文 40）。对基因组测序进一步的开发会扩展更多的机会。

插文 40

使用基因组信息的种群管理

用于种群管理的标记基因型的效用取决于它们所能提供的有关基因组中其他基因座（即没有任何标记的轨迹）中多样性的信息量。其信息内容是与其余的基因组（这种关联被称为连锁不平衡）和标记位点上的基因型相关联的程度相连接，与基因组的基因座之间的实际距离和 N_e 具有负相关性。

当标记的数量很低时（如微卫星板），为标记之间的基因组区域提供的信息数量是有限的，而且在管理多样性时（Fernández et al，2005）更倾向于使用系谱共祖率（从系谱中计算）。但是，可以在很多牲畜物种中使用含有较大数量标记的 SNP 芯片。在很多牲畜物种（可用于 800 000 头以上的牛）中使用。这种高密度保证了基因组中的每一个基因座与至少一个 SNP 连锁不平衡。所以，分子共祖率比系谱资料更能准确地衡量个体之间的基因关系，如果管理是基于分子基因型（de Cara et al，2011），就可以保存更多的多样性。

㉒　http：//ebe. ulb. ac. be/ebe/Software. html

㉓　http：//www. zsl. org/science/research/software/colony，1154，AR. html

全组基因信息不仅可以估测和保存中立遗传变异性，也可以估测和保存选择性遗传多样性，对生产性能和种群的进化是非常重要的。由于 SNP 分析费用已经下降到可以接受的水平，所以在获得或可以获得个体动物的 DNA 时，基因组的 SNP 分析就已经成为研究和种群的管理工作中可使用的方法。

分子信息可以阐明个体间关系

即使保护项目包括系谱记录，最好还是使用分子信息检查系谱的正确性（如解决亲子不确定性）并确定项目中奠基者群的遗传关系（术语"奠基者群"指的是保护项目开始时并在进行之后的例行的系谱记录的动物基础群）。这些动物的祖先未留下任何记录，所以它们的系谱具有不确定性。从传统上讲，基础群中的个体通常被认为是非近亲交配的（$F=0$）和无关联的（所有的成对个体为 $f=0$ 和同一共祖率为 $f=0.5$）。在大多数受到保护的种群只有一代或多个世代的有限的个体（亲本）数量。所以，假定无关联的奠基者群是非常不现实的，可能会导致错误的管理。

根据从奠基群起源地（如它们所来自的农场或地理区域）获得的历史信息，也能够对奠基者之间的关系进行一些粗略的了解。但是，更准确的方法是要在奠基者的分子信息基础上（即通过使用任何一种方法或上面提到的软件）建立估测共祖率的矩阵。然后就可以根据系谱分析的经典规则，对动物后代的共祖率进行计算。最小共祖率贡献法会集成奠基者群之间的关系的信息，对在项目开始前就已经消逝的并处于非管理世代期间所产生的不平衡进行校正。

正确地描述奠基群之间的关系对于系谱资料很少的后代来说是非常重要的。在这种情况下，系谱参数（如 F 或 ΔF）在所管理的第一代中信息极为不全，在这种情况下的决策对于长期成功的保护变异性有着巨大的影响。如果没有奠基者的信息，就要付出更多的努力，以保证群体中所有的动物生产后代。

步骤 5 在繁殖率低的物种中考虑使用胚胎移植方法

正如第一章所述，繁殖生物技术，如人工授精和胚胎移植，由于促进了种质长距离的传播，而且通过减少不同父系的数量有助于降低 N_e，而经常被指为对品种造成了一定的危险。但是，品种面临风险的主要原因是如较低的繁殖率和缺乏对它们保护的政策。实际上，如果在策略上使用繁殖生物技术是可以加强保护计划的。

胚胎移植可以增加每头母畜生产的后代数量。具有两个积极的效果。第一个效果是，假设受体母畜是另外一个品种，就可以使用胚胎移植技术更快的增加群体规模。第二个效果是，增加每头母畜的后代数量是平衡公畜和母畜父母代之间的比例有效的办法，特别是如果每头母胚胎供体与多头公畜交配时是更为有效的办法。性控精液能够提供同样的（但很小的）效益，至少对于不需要保留更多的公畜的种群（如果使用非性控精液）来说是尤为见效的。

通过使用已经淘汰的母牛通过胚胎移植也可以延长世代间隔。如果再使用低温冷冻技术，这种效益则更加明显（参见工作任务 3）。从处于濒危状态的种群中提取胚胎以低温保存在基因库中是受到人们支持的。

但使用胚胎移植的一个限制因素为技术要求比较高。要想获得好的结果需要大量的培训工作。胚胎移植费用较高，所以在进行此项工作之前，必须要对费用和效益进行评估。最后还有一点，为物种和品种制定胚胎移植标准的工作进展也不是很平衡。大多数的标准主要为畜种的商业性品种而制定的，如何使标准适用于非常见的品种和物种还需要一些测试。

工作任务 2：采用降低近亲的配种策略

从长期看，所选择的父母代的数量及它们所生产的后代数量是影响遗传变异的主要因素。但是，在选择了亲本后，近亲及有害作用可以通过对所选择的亲本相互间交配的有效管理得到进一步的控制。

至少对一代来说，遗传到种群或从种群丢失的遗传变异数量不取决于配种策略，只取决于每个个体所贡献的后代数量。但是，近交水平（平均值 F）完全取决于与什么样的动物相交配。个体 F 是与父母（f）共祖率相等的。公畜和母畜间关系越大，后裔的 F 越高。所以，应避免有亲缘关系的动物之间的交配。避免有亲缘关系动物间交配已有多个方案。

步骤 1　对动物间血缘程度实施限制

减少近交最简单的方法是避免让超出了共祖率特定阈值的个体间进行交配。比如，一种方法是尽量避免半亲缘和具有相同或较大共祖率（即 $f < 0.125$）的动物间的交配。如果潜在的公母畜已经具有相同祖代基因，就需要考虑这个因素。如果已经掌握几代系谱，可以确认的关系类型就会极为复杂。在这种情况下，就应向每个养殖户（由育种协会）提供应避免（或建议）的具体交配信息。

步骤 2　为整个群体建立理想的配种方案

为避免有亲缘关系动物间的交配，已经研发出了数学优化方法模型，可以在整个群体内应用。这一方法被称为最小共祖率交配设计，首先，建立选择亲本的清单；然后，对公畜和母畜进行配对以获得所有公畜和母畜的最小平均共祖率。这种方法虽然不能长期降低 ΔF，但确实延迟了近交的产生（Woolliams et al，2000）。在如前述的固定贡献的优化方法情况下，具有很多的组合方案，解决问题需要使用数学和计算机技术。可以采用软件 METAPOP[24]（Perez-Figueroa et al，2009）完成最小共祖率交配设计。很显然，这种方法只能在集中控制的交配方案中使用。在现场情况下是很少发生的，但可能会在异地保护种群中发生。

步骤 3　采用不需要系谱信息的简单方法

循环交配设计

在缺少系谱的情况下，可以使用另一个交配策略。其想法是以假圆形式排列个体家族 n。来自家族 1 的雄性后代与来自家族 2 的雌性交配；来自家族 2 的雄性与来自家族 3 的雌性交配，以此类推。家族 n 的雄性与来自家族 1 中的雌性交配。这种策略被称为循环交配设计（Kimura et al，1963）。在插文 41 中介绍了以这个策

---

[24]　http：//webs.uvigo.es/anpefi/metapop/

略开展的项目。虽然由于对种群进行部分细分可能在短期内增加 ΔF 值，但这种方法实施起来较容易并且能长期保证低 ΔF 值。在保护种群过程中将其分为数个畜群时，每个畜群就被视为一个"家族"，这些步骤与所谓的繁育管理循环系统相互使用。在这个系统中，一些个体定期与（如每年或每一代）邻近的畜群相互交换，并在畜群中开展随机交配。这就需要一定的组织工作，而且要得到所有参与的畜牧养殖户的认同。过去的经验表明，这样的项目可以获得巨大成功，也可能遭受巨大失败，这完全取决于组织水平和畜牧养殖户的合作程度。在开始时，（即没有对种群进行分组），一种方法是通过聚类分析法建立均匀混合群，即根据遗传结构尽可能按照设想将种群分为多个序列。当获得了系谱资料时，可以使用标准的数据软件，如 SAS®，SPSS® 或 R，根据基因谱系对动物进行分群。还可以使用其他一些软件根据分子资料对动物进行分群。STRUCTURE[25]（Pritchard et al，2000）是最为常用的软件。

插文 41
哥伦比亚为控制近交所采取的交配方案

　　自 1936 年以来，哥伦比亚农业部为开展克里奥罗牛的活体保护计划，一直保存着数个核心种群场。在育种计划的最初几十年里，对近交实行了较为严格的控制，避免有紧密亲缘关系的动物交配，比如，父畜与女儿之间、儿子与母畜之间、全亲缘和半亲缘以及全亲表和半亲表之间的交配。

　　但是，自 1991 年以来，4 个品种的育种计划（罗曼西牛、Blanco Orejine-gro、Costeno con cuernos 和 Sanmartinero 品种）均采用了循环交配设计。对 4 个品种中的每一个品种，根据动物的遗传关系都分为 8 个家族（即每个品种 8 个家族）。在每个品种中按循环交配设计开展工作。家族 1 的公畜与家族 2 中的母畜交配，以此类推：1→2→3→4→5→6→7→8→1。几年后，对这种设计进行了一些修改。每三年对这个模式进行一次调整，即跨越一个家族 1→3、2→4、3→5、4→6、5→7、6→8、7→1 和 8→2。这个变化是非常必要的，因为在经过几轮繁育后，家族 2 中的母畜与家族 1 中大多数的公畜都有亲缘关系，家族 3 中的母畜与家族 2 中的公畜都有亲缘关系，以此类推。为有助于这个程序并保证适合的交配，所产生的后代总是以母本家族的名字或名称来命名。

由 German Martinez Correal 提供。

析因交配
　　当母畜一生中多次产犊（这是最理想的情况，主要是增加了世代间隔），应采用析因交配法。这意味着应给每头母畜机会与不同的公畜交配。这样，就其保存的

㉕　http：//pritch. bsd. uchicago. edu/structure. html

多样性以及近亲水平来说，交配组合的数量更多，效果更好。比较起来，分级配种（每头母畜与单一公畜交配）会产生出大量的全亲缘家族。当分级配种与选育（本交或人工授精）结合，选择具有亲缘关系的动物的概率就会大增。而且，如果公畜携带有显性的等位基因，母畜的遗传信息具有较高的丢失危险，因为所有的后代很有可能携带有害等位基因。与此相反，如果一头母畜与几头公畜交配，其贡献会与其他公畜交配后产生的后代安全的遗传下去。

配偶选择

分两步管理种群（即首先选择个体并确认它们的贡献，然后选择交配设计）是一个选项，但是会导致复杂和不具备可行性的情况发生。比如，需要用两头公畜与一头母畜交配，这对于很多物种来说，如果不使用 MOET（超数排卵和胚胎移植）技术，在同一个发情期是不可能的。所以，最好通过所谓的配偶选择方式，在一个步骤中采用两个策略。这种方法是根据从每一对动物生产的后代数量而不是从每个个体生产的数量总结出来的。这样，就可以解释所有的生理和动物群体的限制因素（例如，对每头公畜或母畜交配数量的限制，对每对动物后代数量的限制）。

工作任务3：将低温冷冻纳入遗传变异管理中

低温保存（若需了解更多的信息请参见《动物遗传资源低温保存技术》，FAO，2012）是开展保护项目另一个有效的工具（Meuwissen，2007）。不仅延长了个体动物的繁殖寿命（即增长世代间隔），增加实际群体规模和 N_e，因为增加了更多的个体（这些个体动物之间没有紧密的关系）开展同时交配。可以贮存精液或胚胎以达到各种目的。

步骤1　在保护项目之初就存储动物遗传材料

第一步就是要使用集成的遗传材料建立品种的"备份"，即项目之初就贮存所有的遗传多样性（如果是胚胎或体细胞需要存储一代的材料，如果是精液需要两代或更多代）。如果在今后某个时候种群面临灭绝危险，那么就可以使用存储的遗传材料恢复种群。要适当考虑为尚未处于危险和易危的品种建立遗传材料库，并强烈建议立即为濒危品种和危急品种建立遗传材料库。显然，为处于风险达到临界水平的种群中每个个体的公畜和母畜存储材料是可行的和合理的。在《动物遗传资源》（FAO，2012）中详细介绍了低温保存个体选择的方法。

在大多数情况下，保存种质主要是为了"保险"的目的，其实际需要使用的概率是（希望如此）很小的。最为合理的方案是采用收集成本低而利用成本高，如存储体细胞（与运用克隆技术重建种群需要较高成本）的方法。

步骤2　以持续使用低温保存的种质材料管理遗传多样性

低温保存也可以成为活体保护项目的补充手段。由于这个原因，低温保存的种质可以服务于多种目的。可以用于通过离散的方法使种群（例如，由于受到灾害种群规模缩小等）从危急状态中得到恢复。也可以作为正常程序的一部分对处于危险或濒危的品种进行持续的管理（Sonnesson et al，2002）。比如，低温保存的精液可以用于增加公畜的数量，从而增加 N_e 并减低成本（与饲养活畜相比较）。如果持续地使用低温保存材料，为基因库而收集的材料也可以成为补充基因库精液数量过程的一部分。插文42描述了低温保存的精液如何促进增加法国羊品种的遗传变异性的工作。

插文 42
低温保存及活体种群的遗传多样性——法国的实例

鲁森黑格羊是法国的羊品种，据说在20世纪90年代时处于绝灭风险。但是，自那时以来，状况有了很大的改进。据估计，母羊总数已经超过3 000头。作为品种恢复计划的一部分，在20世纪90年代时，从13头公羊中采集了精液，基因库最终迁移到法国国家低温储存库育种场。2010年，对已处于异地保护计划内的种群（如育种场正在使用的公羊和母羊）中的公羊遗传多样性进行分析和评测工作。下图展示了其结果。根据系谱，对低温保存的每头公羊与活公羊（x-axis）和活母羊（y-axis）之间的个体亲缘关系（▲）以及活公羊之间和活母羊（×）的平均亲缘关系进行了比较。

很明显，大多数的低温保存公羊与现存的群体没有紧密的关系。大多数的公羊与当前的公畜和母畜的亲缘关系不到2%，而且它们都与活体种群的亲缘关系很远。低温保存的公羊代表着在原区域已经不存在的遗传多样性。其他研究结果（Danchin-Burge et al，2009）表明，在20世纪90年代，在当时只有3个农场提供大多数的公羊情况下，鲁森羊品种经历了瓶颈。目前，该品种的统计数量有所增加，是进一步考虑如何改善遗传多样性的时候了。一些农场已经决定使用低温保存的公羊的精液生产他们的后备群体。

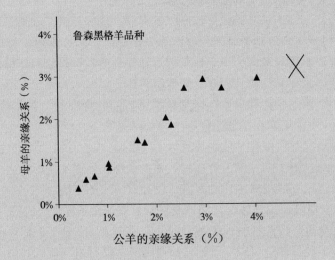

由 coralie Danchin-burge 提供。

参考文献

Caballero, A., Toro, M. A. 2000. Interrelations between effective population size and other pedigree tools for the management of conserved populations. *Genetical Research*, 75: 331-343.

Danchin-Burge, C. Palhiere, I., Francois, D., et al. 2009. Pedigree analysis of seven small French sheep populations and implications for the management of rare breeds. *Journal of Animal Science*, 88: 505-516.

de Cara M. A., Fernandez, J., Toro, M. A., et al. 2011. Using genome-wide information to minimize the loss of diversity in conservation programmes. *Journal of Animal Breeding and Genetics*, 128: 456-64.

Falconer, D. S., Mackay, T. F. C. 1996. *An introduction to quantitative genetics*, 4th edition. Harlow, UK, Longman.

FAO. 2012. Cryoconservation of animal genetic resources. FAO Animal Production and Health Guidelines. No. 12. Rome (available at http://www.fao.org/docrep/016/i3017e/i3017e00.htm).

Fernandez, J., Villanueva, B., Pong-Wong, R., et al. 2005. Efficiency of the use of pedigree and molecular marker information in conservation programs. *Genetics*, 170: 1313-1321.

Gowe, R. S., Robertson, A., Latter, B. D. H. 1959. Environment and poultry breeding problems. 5. The design of poultry strains. *Poultry Science*, 38: 462-471.

Groeneveld, E., Westhuizen, B. V. D., Maiwashe, A., et al. 2009. POPREP: a generic report for population management. *Genetics and Molecular Research*, 8: 1158-1178.

Gutiérrez, J. P., Goyache, F. 2005. A note on ENDOG: a computer program for analysing pedigree information. *Journal of Animal Breeding and Genetics*, 122: 172-176.

Hardy, O. J., Vekemans, X. 2002. SPAGeDi: a versatile computer program to analyse spatial genetic structure at the individual or population levels. *Molecular Ecology Notes*, 2: 618-620.

Jones, A. G., Small, C. M., Paczolt K. A., et al. 2010. A practical guide to methods of parentage analysis. *Molecular Ecology Resources*, 10: 6-30.

Jones, O., Wang, J. 2009. COLONY: a program for parentage and sibship inference from multilocus genotype data. *Molecular Ecology Resources*, 10: 551-555.

Kimura, M., Crow, J. F. 1963. On the maximum avoidance of inbreeding. *Genetical Research*, 4: 399-415.

Martínez, P., Fernández, J. 2008. Estimating parentage relationships using molecular markers in aquaculture. *In* S. H. Schwartz, ed. *Aquaculture research trends*, 59-112. New York, USA, Nova Science Publishers, Inc.

Meuwissen, T. H. E. 2007. Operation of conservation schemes. *In* K. Oldenbroek, ed. *Utilization and conservation of farm animal genetic resources*, 167-194. Wageningen, the Netherlands, Wageningen Academic Publishers.

Pérez-Figueroa A., Saura M. Fernandez J., Toro M. A., et al. 2009. METAPOP-A software for the management and analysis of subdivided populations in conservation programs. *Conservation Genetics*, 10: 1097-1099.

Pritchard, J. K. , Stephens, M. , Donnelly, P. 2000. Inference of population structure using multilocus genotype data. *Genetics*, 155: 945 - 959.

Ritland, K. 1996. Estimators for pairwise relatedness and inbreeding coefficients. *Genetical Research*, 67: 175 - 186.

Sánchez-Rodríguez, L. , Bijma, P. , Woolliams, J. A. 2003. Reducing inbreeding rates by managing genetic contributions across generations. *Genetics*, 164: 1589 - 1595.

Santiago, E. , Caballero, A. 1995. Effective size of populations under selection. *Genetics*, 139: 1013 - 1030.

Sonesson, A. K. , Goddard, M. E. , Meuwissen, T. H. 2002. The use of frozen semen to minimize inbreeding in small populations. *Genetical Research*, 80: 27 - 30.

Woolliams, J. A. , Bijma, P. 2000. Predicting rates of inbreeding in populations undergoing selection. *Genetics*, 154: 1851 - 1864.

第七章

建立保护和可持续使用的育种项目

综述

　　一些品种之所以经常面临灭绝的危险，是因为这些品种不能为畜牧养殖户提供足够的经济回报，也就是说饲养这些品种所产生的效益不足以支付畜牧养殖人员的人工及投入的费用，或者用以维持他们的生计。而生产性能好、具有较大生产潜力的国际跨境商业品种的出现，增加了放弃使用适应本地条件的品种的可能性。许多国家已经开始进口专业性国际跨境品种的种质以快速提高繁殖能力。但是，商业品种通常不适应本地条件，需要大量的经济投入以开发其生产潜能的基因优势。通常，所产生的附加值不能完全补偿所投入的费用。另一种可选择的方法是充分利用适应当地环境的品种开展育种项目以提高生产性能。

适应性的重要性

　　Mirkena 等（2010）曾经对农场中饲养的动物遗传学适应性进行过总结："适应性的特征体现在成活率、健康性和繁殖力等相关特点上。目前大量的知识表明无论是在家畜品种之间还是品种内部，适应性能的遗传变异是无处不在的，尤其在抗病性方面，这表明在农场中饲养的动物基因适应性研究分为三个层次：物种、品种以及品种内个体动物独特的基因变异。在热带地区，病菌和流行病广泛传播，气候条件恶劣，缺乏饲料和水，由于具有良好的进化根基，本地品种抗病性和适应性的表现水平要远远高于进口品种。遗传进展具有3种途径：通过纯种选育提升本地品种，品种替代（利用其他本地品种，更常见的是引进外血）和杂交繁育（终端杂交、循环杂交和形成配套系）。无论采取哪种方法，开始一项育种方案时首先要考虑在特定的环境或是生产系统中选择最适合的品种，并且充分关注后续的适应表现。一个主要的限制因素是对低遗传性特征品种的选育，如适应性，由于测定具有难度以及生产性能和适应特征之间潜在的对抗性生物关系导致选择响应缓慢。任何育种项目的适合的策略是要设定合适的选育目标。该目标要与生产系统相适应，而不是制订其在目前现行环境下提高无法达到的生产性能的目标。应用现有资源并考虑现有的制约因素制订适合本区域的计划是唯一合理的可持续的解决办法。这种方法同样保证开展原地保护动物遗传资源，相比较异地保护或超低温保护方法，是不发达国家的唯一可行的较为实际的保护方法。所以，确认能够应对特定生产系统环境挑战下最适应的基因型，是十分重要的。"

　　通常，由于记录生产性能费用较高，对处于危险中的品种的记录就很少。适应性和适合性的特征的证据通常只是传说而已。可以通过实施或者进行特征研究来弥补知识的不足，但是较低的经济回报依然在短时期内威胁着品种的存活。如果短期内不能保证成活，那么潜在的长期成活也就没有任何意义。有很多方法可以提高某个品种的经济性能，能够给畜牧养殖户带来经济回报的品种才值得保留。政府的支持或者激励政策可以在短期内拯救一个品种，但不可能形成长期的可持续性（EU-RECA，2010）。

为提高经济性能而育种

为提高经济性能，有两个育种策略：

1. 通过品种内选育提高生产性能；

2. 在适应本地环境的不同品种间进行杂交（利用他们独特的适应性和健康性状）或者在当地品种与（具有更好的生产基因潜能的）商业跨境品种间进行杂交。

当种群数量较小时，非常重要的是在种群内优化选择反应和遗传变异性。

在所有的保护（不论是以遗传改良还是保持基因多样性为目的）项目中，都要事先进行详细的评估，要考虑到预期的效益、成本以及可能的隐患。一个错误的决定可能会导致整个项目变成灾难和种群的灭绝。我们建议，在设计实施育种项目时，应首先与有同样经历或曾实施过类似的种群项目的人取得联系，学习他们的经验和教训。Kosgey 等（2006）曾提出了在适应当地环境的品种中建立育种项目的影响因素。这些因素包括：

1. 项目是否有能力解决当地畜牧养殖户的需求；

2. 所提出的改变和创新意见是否适合当地的生产系统；

3. 是否有让当地养殖户参与到项目中的鼓励措施（经济和其他方面的）；

4. 当地是否有技术支持服务（如兽医服务）。

其他一些指导性的意见已由 Wurzinger 等（2011）提出。

选择育种策略

理由

生产性状的选育

增加主流市场上的商品（如肉、蛋、奶）的生产数量，是提高经济效益最显著的途径。对于生产潜力很大的品种，虽然没有详细记载和说明，成功的概率是很大的（参见插文 43）。在这种情况下，通过提高管理能力和营销手段可能会显著提高畜牧养殖户的经济回报，并改善品种的危险状态（参见第八章）。但是，这种情况可能并不常见。几乎所有的家畜品种都可以从传统的动物育种和改良计划中获得直接的效益。提高适应当地环境的品种的生产性能并能超越跨境商业品种的育种项目，其效果在每个地区都会有所不同。不适应当地环境的品种，面临最大的挑战是在这样的环境下是否能够生存并进行生产。然而，育种计划的实施在这些区域可能更加困难。

插文 43
玻利维亚多民族州适应当地环境品种的重要性

阿约帕亚美洲驼是具有高生产性状潜能的本地品种，但是很多项目都忽视了对这个品种的开发工作。这些美洲驼生活在玻利维亚的高原地区，所产的纤维比生活在低地动物的品质要好。已经建立了针对本地动物选育正式的方案（与过去无组织的工作相比）。该方案正在使本地的社区人们受益。

在同样的环境，玻利维亚本地的天竺鼠在产仔数、断奶仔鼠数量以及重量方面均比进口品种好。为提高家畜养殖者的生活水平和保持本国动物遗传资源的目标，对这些具有较高生产潜能的本地动物遗传资源进行确认是十分重要的。

资料来源：Valle Zarate（1999）。

在适应当地环境的纯种中进行生产选育具有很强的吸引力。但是，选育意味着改变品种。所以必须要考虑这些变化是否能给某个品种或繁育场带来长期的利益。如果选育方案计划周密，而且保留住了品种对当地的适应性，那么，才会得到适应性强、生产性能好的品种。有很多实例可以证明这种方法是成功的：南非乌古尼牛、美国的西班牙山羊（参见插文 44）、葡萄牙的莫图兰戈牛及生活在美国的由西班牙殖民者引入的马。在建立纯种的核心群时，重点在记录其特征，选育不仅能够增加生产性能，同时也有助于宣传品种的生产潜力（FAO，2003）。

插文 44
适应美国得克萨斯州气候的西班牙山羊的最适宜体重

在 20 世纪 60 年代，西得克萨斯州的牧场主为提高本地西班牙山羊的生产性能开展选育工作。在单纯选育并未杂交的情况下，成年母羊的体重从 35 千克提高至 70 千克。育种人员随后发现，超过 60 千克的母羊对半干燥的西得克萨斯环境的适应能力减弱。但当把母羊的体重降低到 60 千克以下时，就能够提高育种人员所希望的生产性能，而且也能够适应环境。体型较大、缺乏适应性的专门品种是无法与之相比的。此外，由于降低了体重和增长率等方面选育的要求，育种人员可以把更多的关注点放在肉质品质上。其结果是培育出了高产并能适应环境的动物遗传资源。

由 Phil Sponenberg 提供。

关注选育的长期效应

与生产性能较高的国际跨境品种进行杂交曾得到大力的推广，主要原因是生产性能在一代内就可以得到提高，而品种内的选育就不会产生如此迅速的反应。但是，大部分适应本地环境的品种没有将商品生产性能作为其明确的目标进行选育。如果选育项目设计的合理，在前几代就可以使生产能力得到快速的增长。与杂交方案相比，纯种选育方案一般能为农村社区饲养的品种提供较为长期的保障。但是，人们并不接受这种观点，因为通过纯种选育方案生产性能的提升远不如杂交方案迅速，而且在第一轮杂交后，杂种优势就可以显现。

通过对适应本地环境的品种进行选育后所获取的较大性能改进的原因在于，生产特征的高遗传性以及适应性和抗逆性的低遗传性。这就意味着，与培育高性能的国际跨境品种的适应性并提高生产能力远不如选育适应本地环境的品种以提高生产性能，这样做更能见效快并且安全。非标准化适应本地环境的品种很可能比高产的国际跨境品种更易产生变化，而且生产表现最好的动物往往具有较高的生产潜力。但令人遗憾的是，人们通常都更关注生产性能高、温驯的品种，但却忽视了在适应当地环境的品种中开展选育工作的长期策略，导致育种人员为满足畜产品的市场需求而失去耐心。

影响选育机遇的因素

品种的种群普查规模会影响到选育的潜在有效性。对于小种群（即处于易危或濒危的状态），在开展选育时，很难避免产生潜在的危险瓶颈。因此，在进行活体保护时，获得 50 的 N_e 值只是个短期的目标，而长期的目标是要在进行遗传改良的同时，获得的数值就要超过这个阈值。应谨慎使用第六章中所介绍的原则，以便保存长期的基因多样性。对群体较大的品种的配种方案应考虑种群的保护和为提高生产性能的选育。在发展中国家，品种内的改良计划对于那些不依靠外部投入生产体系的人们来说是可以提高收入并改善生活的。这些育种计划的目标必须要与生产者所希望的目标相一致。这个目标就是要满足市场需求，从而回报生产者在提升种畜方面的投资。成功采用一种技术（如人工授精技术）的重点取决于家畜养殖者的需求和生产系统之间的可行性及兼容性。技术要简单，成本要低，最重要的是风险要较低。要全盘考虑整个生产系统并且在计划和实施育种项目的每个阶段都让畜牧养殖人员参与其中是十分必要的，也要与当地的传统行为和传统价值进行有机的结合（Van Arendonk，2010）。

可持续的育种

对于大多数适应当地环境的品种来说，选育工作的重点要集中在提升性能上，使育种在标准商品生产中更具竞争力，畜牧养殖人员需要得到较快的经济回报。在进行纯种选育时，同时应该保留品种的基因、历史、文化等方面独特的动物遗传资源。要对选择提高生产性能的方法进行评估，并要考虑在实施育种项目时对技术、资金、基础建设方面的需求以及保持品种内足够的基因多样性以保证品种的可持续发展。使用经济、精确并有效对生产性能进行估测是重要的，而且在开展动物标识和性能记录工作中需要创新工作方法（参见插文 45 和插文 46）。但是，在一种环境下能发挥作用的生产方式在另一种环境下就不一定能发挥作用（参见插文 47）。工作的目标应该是形成一种可持续方法，不断地对适应当地环境、具有最佳表现的动物进行选育，以保证其优良性能遗传给下一代。

插文 45

委内瑞拉玻利瓦尔共和国应用简单的记录系统改进牛群繁殖率

在委内瑞拉玻利瓦尔共和国，一些大型的商品肉牛牧场已经将更多的精力放在母牛的繁殖率和寿命上，而不是测量个体犊牛的生长率，目的是提高全群的生产能力。一个简单的监测繁殖能力的方法是，如果奶牛在任何一年中不能给犊牛断奶，就在其奶牛的后背上烙上"X"。奶牛不允许存在两个"X"烙印，如果出现第二次就会被淘汰。这种利用单个动物标识的记录在田间是很容易被人识别的，这样做增加了商业母牛群的繁殖能力。出生的年份也会烙在动物后背上，使人们更容易评估寿命和繁殖力。相类似的系统包括给牛及其他动物打耳标或耳洞，以此取代了烙印。

插文 46

利用卡片分级进行动物评价——英国的案例

动物展览会是推介品种，使育种人员产生兴趣的良好途径。家畜展览会提供了使用视觉对种畜进行简单的传统评估。但是这样的方式也存在着某些缺点。首先只能关注到少数分级较好的和"明星"身份的动物。结果是这些少量"打扮入时"的动物过度地吸引着育种人员的注意，只关注对品种的影响，却忽略了一旦过度使用会降低 N_e 值的风险。其结果是丢失了品种内的多样性。除此之外，家畜展览会只注重一些特性上，而这些特性能否对生产性能和存活性能具有价值是令人质疑的。

自 20 世纪 80 年代以来，英国的"珍稀品种留存信托基金会"（RBST）开始推广在家畜评估中使用卡片分级（参见插文 32）的方法。卡片分级的方法相当简单且直接，避免了育种时将注意力集中在少量的动物身上。

目的

卡片分级的目的是通过视觉观察，根据潜在的基因优点将种群分成几组，从而避免让单一或一小组动物占有支配地位。

步骤

用带颜色的卡片将动物分成 4 组：平均水平以上用红色卡片；平均水平用蓝色卡片；低于平均水平用黄色卡片；不合格的动物用白色卡片。

优点

卡片分级的方法可应用于家畜的任何品种，并可以调整标准以最能准确评估生产性能和适应性的视觉评分系统。收到颜色卡片的动物按比例被划分到各个组别中，从而避免了基因变异性的丢失，即确保一些动物能收到红色的卡片。但是设定的标准不能完全根据理想的理论，这也就意味着在一些情况下就不会给动物颁发红色卡片。

缺点

卡片分级是一种视觉观察方法，不能指导繁殖能力的提升，对于那些受到管理和其他环境因素影响的特征更是如此。这是一种主观的评价方法，依赖于专家和分级人员的一致意见。尽管存在一些局限性，以卡片分级为基础的选种方式使利用较低成本进行遗传改良具有可能性。

由 Lawrence Alderson 提供。

插文 47
采用分子选育秘鲁羊驼不可行性

在秘鲁的马库萨尼和普诺地区，羊驼的出口破坏了当地羊驼种畜及其他产品的市场。为此改变了育种目标。当地开始尝试从传统体系向利用高端技术的基因标识选育和以系谱为基础选育的方法转变。但是因为缺乏基础设备以及不具备使用这些设备的文化知识，这些方法都没有成功。在重新利用以前传统的视觉方法对种公畜进行分级后，才重新推进了具有较高本地价值羊驼群的发展。

由 Phil Sponenberg 提供。

目标

制订能够提高适应本地环境的品种生产能力的育种方案。

信息来源

- 适应当地环境的品种的生产潜能评估资料；
- 非市场（如适应性和寿命）的性状评估资料。

成果

- 制订纯种和相关杂交品种提高生产性能的策略；
- 对在商品生产方面的短期效应以及为保证当地食品安全而开展的保护当地动物遗传资源的长期效应等方面的策略进行对比；
- 对育种项目的费用进行分析，对于低投入、低产出的品种应尽量降低其费用。

工作任务 1：实施为生产目的而开展的纯种繁育项目

步骤 1　对品种内的选育历史进行分析

需要对选育、公畜交换和利用以及选育工作的收益记录等信息进行收集和分析。需要对种群结构、生产潜能及与生产方式的相关性进行评估。要确定生产性能良好的动物的所处的地点以及是如何利用这些牲畜的。

步骤 2　就需要改进的生产性能及特性进行决策

首先决定对什么样的生产性状进行估测。很明显，需要对目标产品（如肉、奶、纤维制品或蛋）进行估测。对具有多个后代的物种来说，每个孕期所生产的后代数量也是一个重要的性状。但是，生产性能及其生产成本都会影响到利润率。功能性状，如寿命、繁殖力、环境适应性和应激应变（如远距离的放牧能力）等方面都是很重要的。如果能对上述的这些性状进行充分的确定，将有益于具有较强适应性的品种的发展（参见插文 48)。《动物遗传资源可持续性管理的育种策略》(FAO，2010）指南提出了确定重要性状以及决定育种目标的建议。后备及死亡率可以用来判断是否具有很好的适应性，也可以用于确定繁育间隔或每窝仔畜数量。饲养后备牲畜的成本很重要，因为这涉及所需饲料的质量和数量以及其他专门的管理手段。评估工作还应包括人工成本和兽医成本，并通过销售产品和牲畜后代所产生的经济收益。全生命周期利润是一个非常重要的组成部分。适应性强的家畜具有较长的生产周期，提供一般市场所不能提供的产品和服务。繁殖率和死亡率是重要的性状。小型动物在这些性状上的表现通常比大型动物好（FAO，2010）。

步骤 3　实施鉴定、注册和性能记录

应当建立并实施个体动物的鉴定和血统记录系统。对其重要的性能和功能性状进行估测。如果可能，应在种群中对所有的性状进行评估，不遗漏任何重要的信息，之后再进入最终的决策过程。费用及估测工作中产生的困难可能会影响性状的

插文 48
以可持续育种为目标提升墨西哥恰帕斯羊毛质量

在 20 世纪 70 年代初期，墨西哥恰帕斯的索西族人为了增加绵羊肉类生产，将原来使用的本地品种的纯种繁育改为杂交繁育。但是，索西族人并不消费羊肉，而且杂交动物并不能很好地适应当地生产环境。加之用于生产本地纺织品的羊毛质量下降，种种因素导致了与传统生产体系相比，绵羊养殖户的收入下滑。人们普遍认为，比较合理的育种目标是提高与文化相关的性状表现。于是，采取了一种有效的开放式核心育种体系，这种体系以羊毛质量、外观检查和由当地社区调控公羊分发为基础。由于注重当地实际性，从而保证了更多的农户参与其中，增加了经济收益。养殖户、当地的环境及当地文化都从这个经过深思熟虑的可持续发展的计划中获得了效益。

资料来源：Perezgrovas 等（1997）。

记录。如果信息不完整，可能会产生歧义。确定生产性能评估的方法很重要，因为不同的评估方法会产生不同的结果和效能。例如，仅估测第一次哺乳期的牛奶产量会降低费用，但是若以生命周期的生产性能作为选育基础，选育结果一定会有所不同。重复估测同样的性状会增加准确性，但是同样会增加成本费用。选择生产性能的估测方法要以总体经济回报最大化作为目标。寿命和投入成本等因素会显示出，当地的动物遗传资源要优于进口的动物品种。

步骤 4　实施性状记录并根据生产环境进行选育

对于一些品种来说，尤其是当动物适应了不同的环境后，提高其商品生产力与保持其传统特征是相互矛盾的。对这些品种生产能力的估测应当包括在较低投入水平的自然生产环境中生产性能的估测。生命周期的生产性能可以显示出其寿命及健康状况，也可以用来估测生长速度或每天泌乳量的补充数据。如果必须在困难的环境中生存，那么在制订选育计划时就要考虑如何适应这样的环境。应对功能性状、繁殖性状、生存性状和健康性状进行全面记录。但是，记录和选育功能性状和健康性状要比记录生产性能困难。遗传力下降，而性状则更难记录。需要创新方法以提高效率。

步骤 5　确定能提高生产性能的选育及育种策略

从保护的角度出发，最常见的方法是采用纯种繁育策略。但是，有些动物具有较低的遗传生产能力，可以通过与具有较高生产能力的品种进行杂交来提高生产性能。如果杂交方法是可接受的选择，不仅能发挥处于危险状态的动物品种的价值，使其产生杂交后代在市场上销售，还可以以亲本形式保留适应当地环境的纯种种群（FAO，2010）。

优化小种群的选择反应和遗传变异

理由

选择反应

本节主要论述的内容是，通过改善其利润率来提高濒危或易危品种生存概率。提高品种的生产能力通常可以使品种产生更好的效益，因此增加了其生存的机遇。但是，为了改进种群的生产性能的遗传能力与保护基因变异性（即较高的 N_e 值）是相互矛盾的，需要采取一些折中的办法。

人工选择反应的传统理论是，每年性状的平均值中的"选择反应"或增加值（G）可以用下列公式计算：

$$G = ip\sigma/L$$

i 代表选择强度，p 代表个体实际育种值与估测值的相关性（又称选择准确性或等同于以表型特征为基础的选择时遗传能力的平方根），σ 代表性状累加性遗传标准差（比如遗传变异），L 代表世代间隔。所以，如要获得较大的选择反应，就要增加 i、p 和 σ 值，同时降低 L 值。

保护遗传变异与反应

选择强度是一种估测种群所受到压力的方法，与在种群中所选择的动物和候选动物之间的比例有关系。通过为下一代选择少量个体作为父本可以获得较大的值。但是，这种方法会降低 N_e 值，其结果与保护项目的主要目标会产生冲突，并且将导致较高的近亲概率，降低了遗传多样性。通过采用除个体表型特征外的亲缘关系信息，可以较为准确地估测出育种值（即增加的 p 值）。这种方法会导致亲缘共选，特别是对较低的遗传能力性状来说更会导致多样性的丢失，增加了近亲概率。同样，较短的世代间隔提高了增加值，也会造成每年遗传变异性大量丢失。正如第六章（工作任务 1 步骤 3）中所指出的，增加世代间隔可以作为提高遗传变异的方法，同时还指出了在遗传改良和保护变异之间需要进行权衡。由于在选择反应公式的分子中 σ 的存在，于是就显示出了保护品种遗传多样性（即较大的 σ 值）的另外一个原因，σ 值越大，反应就越大；如果没有遗传变异，性状就不会产生反应。总之，用来改进反应增加值的所有努力都有悖于整体目标。所以，必须要在多种力量中寻求平衡。

目标

在提高品种生产能力的同时，尽可能地减少遗传变异性的丢失。

资料来源

• 对要采取保护的品种特性的了解和知识：

—种群大小；

—物种的繁殖能力；

—生产体系特性等。

- 对国家畜牧业发展目标以及目前和潜在的动物产品市场情况的认识。

成果

- 就所需要改进的性状、遗传获得量的相对重要性及保护多样性等与利益相关方达成一致意见。
- 清晰的阐明所需改进的性状。
- 制订一个优化遗传改良并保护遗传多样性的总体育种计划。

工作任务 1：为保护品种采取综合性的育种策略

步骤 1　确定保护品种的需要改良的性状

与利益相关方探讨并决定选育目标（即育种目标——在种群中改进的性状）。在《动物遗传资源育种可持续管理》指南中（FAO，2010）详细介绍了确定选育目标的程序。这项评估工作可以与调查品种的保护价值同时进行（参见第三章）。如果某个品种确实具有一些特殊的特征，具有保护价值，那么这个特征就必须要包括在育种目标中，如果该特征性状减少或消失就难以证明该品种是需要保护的。如果这种特征属于质量性状，在选择改进其他性状时，要保证这种特征不会在种群中消失。

如果能够为特定的利基市场提供产品便可以使动物更具有价值（参见第八章）。如果将利基市场作为目标市场，就要确定可能影响其市场竞争力的特征。举个例子，如果使用特定的奶牛品种的牛奶生产特定的奶酪，其所选择的性状不仅要包括牛奶的生产数量，也要考虑到蛋白质和脂肪含量等牛奶的质量，以及（如果可能）生产奶酪需要的特殊的性状。

要制订育种目标，必须要了解在改进每个个体性状时所能带来的利润和效益。利润的增加表明了每个性状的相对价值，对这些性状进行总结后就可以形成育种目标。如果可行，选择指数应包括重要的性状以及与育种目标具有高度关联的性状。最好是育种目标要尽可能的简单以保证真正重要的性状得到改进。在最初阶段还要考虑次要性状，种畜应达到每个性状所需要的可接受的最低水平。当建立了选育项目时，并且普查种群大小有所增加时，就可以把这些性状正式纳入到选择指标中。为控制或消除遗传缺陷而进行的动物淘汰就是为得到次要特质而进行的选育的例子（参见插文 49）。

插文 49

为消除遗传缺陷进行选育

在具有较低遗传变异性的种群中，基因缺陷往往较为常见。在实施保护项目之初，种群显现的遗传缺陷会达到 10% 以上。因此，除制订其他性状育种计划外，还必须要删除掉导致缺陷的遗传信息，至少将有害等位基因出现的频率降低到合理水平。

清除遗传缺陷的策略有效程度取决于特定缺陷的遗传测定性质。遗传缺陷往往被单个基因控制。在这种情况下，缺陷的遗传及检测到有害等位基因携带体是比较简单的。在很多情况下，有害等位基因是隐性的，只在纯合子情况下显现（也就是说在同一位置存在相同基因）。这种缺陷在小种群中更容易显现（特别是 N_e 较小时），因为当基因变异性减少的时候，纯合性增加。当缺陷为隐性时，很多个体（杂合子）会携带等位基因，但不会显现出缺陷。系谱可以用于识别高概率的带病体。为了消除缺陷，具有缺陷的第一批动物及携带病菌的动物都不能作为下一代的亲本（只要项目中没有因为育种个体数量大幅减少就应坚持这样做）来使用。如果采用 DNA 监测基因缺陷，就可以确定个体的基因，就可以把检测到的携带者排除在育种方案之外。

当缺陷为多基因决定的状态并以不同的形式表现出数量性状时，需要实施常规选育项目以便从种群中消除缺陷。不管何种情况，非常重要的是，清除这些缺陷的措施包括限制遗传多样性丢失，从而减少由于近亲繁殖产生的问题。比如，有必要减慢消除隐性等位基因的速度（Sonesson et al, 2003）。

很明显，并不是所有的缺陷都是由基因所决定的。选育及育种都难以影响到此类缺陷的发生。

步骤 2　确定在保护种群中可接受的近交率

每个世代的可接受的近交率（ΔF）取决于种群的状态和物种的特征。对处于高灭绝风险的品种，建议 $\Delta F \leqslant 1\%$。当种群尚未处于危险或者濒危状态时，可以放宽限制，如果由于强化和精确的选育产生了较大 ΔF 也是合理的。对商业化的品种来说，人们普遍的共识是可接受的最大 ΔF 约为 2%，但是不同物种间的数据也会有所不同。应当记住的是，越注重保护遗传多样性，从选定的性状中所获得的反应就会越低。有一种方法是从预期的增加值中预测 ΔF 范围，从而寻找到可以实现两种目标的解决办法。

工作任务 2：设计育种项目

步骤 1　评估实施育种计划的环境

为使遗传变异性维持在可接受的水平上，可以采取多种措施以达到选择反应。选择合适的措施取决于物种、生产系统、动物所有形式、育种决策的中心控制水平、育种人员之间的合作水平、现有的技术能力和基础设施以及其他多种多样的因素。

步骤 2　考虑遗传改良和保护遗传变异性之间的平衡方法

在开展选育工作计划时，可以考虑多种办法来提高遗传变异性。具体为以下 5

种办法，根据其复杂程度进行排列。

方法1   在选育时需确定理想的亲本数量

在选育时，控制近亲繁殖的第一种方法就是确定雄性的数量（N_M）和雌性的数量（N_F），得出所期望的（可接受的）近亲系数（ΔF）。然后根据选育目标，选择最佳的雄性数量 N_M 和雌性数量 N_F。每组挑选的动物应该产生同样数量的后代（即每个性别数量相同）。可以利用前述章节提到的公式计算出不同性别动物数量，例如，$\Delta F = 3/(32N_M) + 1/(32N_F)$（Gowe et al，1959）。

选择作为亲本的最佳动物的过程被称为"混合选择"，又被称为"截断选择"，因为这种方法是在特定的阈值或者"截断点"上对所有动物进行选择。在这种情况下，雄性和雌性的截断点是 $N_M{}^{th}$ 最高级别的雄性数量和 $N_F{}^{th}$ 最高级别的雌性数量的选择标准（如表型特征或者评估的育种价值）。

方法2   家系内选择

在控制 ΔF 的同时为改进某个生产性状的遗传潜力的简单而有效的方法是开展家系内选择。如第六章所阐述的，家系内选择是由从公畜家族内选择一个雄性，从母畜家族中选择一个雌性组成（即，公畜可以由它其中一个儿子所代替，母畜可以被它的一个女儿所代替）。利用这个策略，种群所保持的 N_e 要比随机贡献大（见表9），但是仍然有一定的选择空间。选择家系中具有最好表现特征的动物，而不是从家系中随机选择雄性或者雌性后代，会得到更好的性状增值量。选择强度取决于家族的规模，但也要根据物种不同而变化。但是，对于任何物种来说，增重率都不会太高。因为这种方法只利用了家族内的变异性，而忽略了家族之间的遗传差异。尽管如此，在选择方案中，家系内选择是获得较低 ΔF 简单可行的方法。

方法3   家系选择

与家系内选择策略相对应的是家系选择。家系选择是在一个家系（或者一组家系）中选择具有最高平均水平性状价值的个体。这个方法比家系内选择具有更高的选择反应，但是会导致更大程度基因多样性丢失和较高的 ΔF，因为所有被选择的动物都是近亲。

实际上，可以考虑采用全家系内选择或全家系选择的方法。例如，表9介绍了一种假设的情况：一个品种包含了8个家系，每个家系有4个雄性和4个雌性，这8个动物中的每个性别的选择是基于个体的遗传价值和所体现的品种特性的家系价值。两种极端的方法是：

1. 从每个家系中，从每个性别中选择最好的个体（表9中的方法1）；
2. 选择两个家系中具有最高平均值的最好的动物（方法2）。

但是，还有一些其他解决方法，这些方法会产生不同的反应和所隐含的不同的 N_e。需要对所有的解决方案进行测验以便得到理想的 ΔF。

需要强调的是，为获取理想 N_e，所需要饲养的实际动物数量是受到很多因素影响的，包括选择模式、交配比例以及家系规模（见表10）。

表9 不同类型家系选育的预测近亲系数（F）及遗传反应

方法	家系规模的分布								F（%）	遗传反应*
	每个家系中选择的雄性/雌性配对									
1	1	1	1	1	1	1	1	1	7.96	5.90
2	4	4	0	0	0	0	0	0	42.76	17.42
3	4	3	1	0	0	0	0	0	35.81	18.17
4	4	2	2	0	0	0	0	0	33.26	17.87
5	4	2	1	1	0	0	0	0	30.59	17.78
6	3	3	2	0	0	0	0	0	30.59	17.30
7	3	3	1	1	0	0	0	0	27.80	17.21
8	4	1	1	1	1	0	0	0	27.80	16.38
9	3	2	2	1	0	0	0	0	24.87	16.91
10	3	2	1	1	1	0	0	0	21.79	16.24
11	2	2	2	2	0	0	0	0	21.79	14.91
12	2	2	2	2	1	1	0	0	18.57	14.85
13	3	1	1	1	1	1	1	0	18.57	14.23
14	2	2	1	1	1	1	0	0	15.20	13.56
15	2	1	1	1	1	1	1	0	11.66	10.83

* 以遗传标准差为单位的估测。

资料来源：Toro 和 Perez-Enciso（1990）。

表10 达到有效种群大小＞50* 所需的每代最少公畜数量

交配比例**	混合选择						随机选择	家系内选择
	终身所产后代							
	4	8	12	16	20	36		
≥5	21	23	25	27	28	30	15	10
4~5	21	25	27	28	29	32	16	11
3~4	23	26	28	30	31	35	17	11
2~3	25	29	32	34	36	40	19	11
1~2	31	38	43	46	48	55	25	13

* 遗传率假定为 0.4。

** 每头公畜的母畜数量。

资料来源：Woolliams（2007）。

方法4 实施加权选择

与通过固定数量的公畜和母畜的混合选择方法（方法1）相比，家系内和家系选择反应较慢，降低了 ΔF。理想的情况应该是在不丢失反应的情况下，控制 ΔF。

根据严格的截断选择方法的规则，所选择的个体应该产生相同数量的后代。但是，如果条件放宽，而且具有不同的贡献值，在不丢失选择强度的情况下可以选择更多的个体进行选育，进而获得更大的 N_e（参见插文 50）。这种情况是可能发生的，由于其贡献与遗传价值（表型或是估测的育种价值）成正比，最佳性能表现的个体相对会贡献得更多。由于更多的权重放在了表现更好的个体上，这种方法被称为"加权选择法"。加权选择法的不足是需要更多的候选个体，这就意味着饲养这些额外数量动物需要增加费用，这在某种程度上比严格的截断选择法更为复杂。

插文 50
加权选择——案例

Morento 等（2011）的最新研究结果是利用模拟数据对小种群（每个性别 32 个动物）的加权选择与截断选择进行对比。运用截断选择法，对每个世代的每个性别的 32 个个体进行了评估，选择了 8 个作为父母代。每个被选择的个体要贡献 4 个雄性后代和 4 个雌性后代，以保持普查种群大小。结果是选择强度为 1.235，N_e 值为 19.8。当实施加权选择法时，最适宜的方法是从每个性别中选择最好的 12 个个体，但是每个个体产生的后代的数量有差异。具体来讲，所选择的 12 个动物个体，其顺序以遗传值从高到低排列，分别繁育 6、4、4、3、3、3、2、2、2、1、1 和 1 个后代（即每个性别的最佳动物生产 6 个后代，而排名第 12 位的动物仅生产 1 个后代）。应用这种方案，选择强度与截断选择几乎是相同的（1.235）。但是，由于更多的个体贡献了后代，N_e 值几乎增加了一倍（31.5）。

资料来源：Moreno 等（2011）。

方法 5 采用最佳贡献策略

加权选择确定的是特定个体对下一代的贡献，是以经选择的特性的遗传价值为基础的。但是，如果所有的每对动物的遗传关系都是相同的，那么插文 49 中描述的简单的方法就是最理想的方法。但这样的条件在动物育种中是不存在的，因为每对动物之间的关系必定是有区别的。如果有系谱信息，可以使用一种更佳的方法——"最佳贡献策略"。最佳贡献策略将候选动物的共祖率作为决策准则的一部分，是在特定遗传反应水平下尽量减少近亲的逻辑法。（Sánchez et al, 2002）。这种方法是解决遗传获取量，同时也能解决近亲交配问题（Meuwissen, 1997）。其目的是使所选择的个体生产的后代数量有所差异，不仅能够与所选择的性状的遗传价值成正比（如加权选择），而且与种群中其他个体的亲缘关系程度也是成正比的。

从动物育种上讲，亲缘程度通常被表示为递进关系，是任何一对个体的共祖率的两倍。根据最佳贡献策略，如果有一组具有亲缘关系的动物均具有较高的性状值，并不是让所有动物都对后代有所贡献。当然，与最小共祖率贡献（参见第六章）情况有所相同，实施最佳贡献策略前提是要具备较高调控能力的生产系统，需要几代（至少四代）完整的系谱信息，而且要采用复杂的数学模型（参见插文51）。

插文51
选种的最佳贡献策略

为了更好地解释两种相反的力，基因反应和基因变异性（ΔF）都应该包含在目标函数中，但是用相反的符号表示（＋代表反应，－代表 ΔF）。下一代后代的特性的预期平均值可以通过所贡献的相同数量的后代作为父母代价值的产品进行估测。预期近亲交配可以通过繁殖贡献与共祖率相乘来计算。因此，最为优化的目标函数是 $\sum C_i V_i - \sum \sum C_i C_j f_{ij}$，这里 C_i 是个体 i 的贡献；V_i 是选择的特性的遗传价值；f_{ij} 是个体 i 和 j 之间的共祖率，这是每对动物都具有的特性。实际上，ΔF 术语更多的表示的是一种限制，运算法则寻求的是一种具有最高选择反应但又不超过所期望的 ΔF 值（每个个体贡献的后代的组合）。目前，已提出了解决最优化问题的方案，但都需要应用电脑程序进行计算。EVA* （Berg et al，2006）程序是控制近亲水平的选育项目的管理软件。

---

* http：//eva. agrsci. dk/index. html.

步骤3 实施并监测育种项目

一旦选择了育种方案，就要进入实施阶段。这需要育种人员和其他利益相关方的积极配合。步骤2中的所列出的所有方法都需要对性状性能信息进行记录，因为这些信息将成为选择的基础。而除前述方法1外，所有的方法都需要系谱数据（至少需要有关亲本的信息）。

为提高生产性能开展杂交繁育

理由

杂交育种潜能

利用杂交作为实施保护项目的一部分似乎违背常理，但是在某些情况下这是很有价值的选择。在插文 38 中，介绍了利用有限的杂交方法对较小 N_e 并处于极其濒危的物种进行基因拯救的概念。另外还有其他实例证明杂交可以在保护项目中起到很重要的作用。当保护项目的目标是利用处于危险的有益基因，而不考虑从纯种种群得到高经济回报时，杂交育种就显得很重要。

杂交育种提供了将不同品种的遗传特性进行组合的机会。当具有多重育种目标性状并具有颉颃基因关系时，例如生产性能与繁育性能之间或是产品的数量与质量之间要求不一致时，就可以采用杂交的方法。在单个品种中，如要同时提高这些特性是很困难的。这可能就意味着，比如，将适应当地环境品种的适应特性与引进的国际跨境品种的生产性状结合起来的方法具有很强的吸引力。但是，杂交育种只有在精心选择的育种系统和周密计划下才可能是有效的和可持续的。这就要求品种资源丰富，可以长期利用，并且在实施杂交计划时，畜牧养殖人员要严格按照程序开展杂交工作。在《动物遗传资源育种策略的可持续性管理》（FAO，2010）指南中，专门有个章节论述了杂交育种。

杂交策略

保护适应本地环境的动物遗传资源一种简单的策略是对无记录、生产性能低、多余的适应本地环境的母畜进行杂交，而对适应本地环境品种中性能最佳动物进行纯种繁殖（以及品种内选育）。这种限制性的、有目标的杂交繁育不仅可以在改良基因的同时拯救适应本地环境的品种，而且可以保证使生产性能低的动物在商品生产和食品安全上的贡献最大化。

而具有生产潜力、在经济上能够可持续利用的纯种品种应当通过以提高生产性能为目标的育种体系进行管理。这样类型的母畜动物通常不用于杂交育种，应通过品种内选育改进其生产性能。生产性能较低，或已与各类适应本地环境的品种进行过杂交的品种，从逻辑上讲是可以利用本地优良种质或与本地生产系统所需要的引进品种进行生产性能改良的。在作出杂交育种的决定时，应当考虑经济因素（成本与预期回报）、本地畜牧养殖户的兴趣程度以及他们的合作程度。

缺乏管理和监控的杂交繁育可以会很快破坏任何一个已经广泛使用的杂交繁育的品种数量和遗传完整性。品种的实用性是从有组织的杂交系统中发挥的具体作用来体现的。所以，要注意拥有足够数量的纯种种群，以便有效的开展杂交育种工作。

当在杂交繁育项目中使用某一个品种时，应首先开展品种调查和特性研究，而且要注意收集详细的信息。在开展杂交育种工作时，品种能够发挥的作用的有价值的信息包括种群大小、目前杂交育种与纯种的比例。与纯种交配的母畜数量的记录数据可以让人们快速掌握品种的活力情况。应收集的数据还应包括杂交和纯种后代的使用情况、是否没有繁育后代就直接在市场中销售或者是否用于繁育后代。评价应该包括纯种繁育和杂交繁育后动物的相对质量（高、中、低）。非常重要的一点是要详细描述每个性别在杂交系统中的作用（例如，公畜与其他品种共同杂交或母畜用于杂交目的了吗?）理想的情况应该是，应对纯繁种群进行增强生产性能的选育，纯种及杂交后代都应进行增加生产性能的选育。

实施杂交体系

在制订杂交方案时，应当明确项目究竟需要什么样的效果。如果目标是提高本地品种的生产能力，就可以考虑与引进品种进行杂交繁育。提高生产能力的最普遍和简单的方法是将本地品种与生产性能高的国际跨境品种进行杂交。如果具备三个目标其中之一就可以实施：

1. 取代本地基因，即与引进品种进行持续的杂交；

2. 提升适应本地环境品种的生产水平，即与引进品种持续杂交直到当地种群具有较高的引进品种基因（通常＞50%）；

3. 将适应本地环境的品种作为纯种保留，利用杂交繁育，专门生产一批用于商品生产目的的群体，这批动物不能用于育种的目的。

替换策略显然不是出于保护的目的，在热带或其他环境恶劣的区域内这样的项目是很难成功的，主要原因是由于与当地的种群相比，这些动物很难适应当地的条件。因此，在实施这项可能会导致本地动物遗传资源丢失的替换育种项目之前，一定要调查清楚这项策略会产生什么样的后果。从长期角度看，适应本地环境的动物遗传资源通常对本地生产系统具有较大贡献，所以应保证它们的存活并得到利用。至少，应对本地动物遗传资源的活体进行有效的保护，可以采取低温保护的办法。与适应本地环境的纯种相比，只有当引进的品种能够提高生产性能（已经成为现实的，而不仅是预期的潜力）至少30%以上，才能够考虑使用这个品种（FAO，2010）。如果是这样的情况，就应主要考虑生产F1代动物并且要保护本地纯种种群。前面也提到过，比较好的策略是对本地种群中生产性能相对较低的动物进行杂交，而应保护生产性能最好的当地动物作纯种繁育使用。

根据Schmidt等（1975）的理论，要区分两种主要类型的杂交繁育系统：

1. 需要保护的纯种品种（纯种和循环杂交）的系统；

2. 通过与杂交的母畜和杂交的公畜进行系统性杂交，建立一个新（综合性）品种。

纯种杂交

纯种杂交是指利用一代或者两代不同品种的纯种动物生产出杂交动物，以此点为"终结"的育种系统。这种策略一般是由所需要的品种数量来决定的。

• 二元杂交。两个纯种品种的个体进行交配，其后代仅用于生产目的（即不是为了育种）。例如，在牛群中最低产奶量的泌乳牛不作为生产后备奶畜选育，而是与肉牛品种公牛进行交配，生产出的后代与纯种奶牛犊相比，更具有肉牛生产能力。

- 三元杂交。二元杂交的母畜与第三品种的公畜交配，其后代用于生产目的。例如，在生猪生产中，具备高繁育能力和良好母性性状的两个品种进行交配，杂交的母猪再与具有优秀产肉性能的公猪进行交配，从而得到较多数量的产肉性能良好的猪仔。有时，二元杂交母畜与其中的一个父母代品种的公猪进行交配——这种方法叫做回交。如果希望利用一种性别的动物达到生产目的，可以使用性控精液以强化这样的杂交育种项目（参见插文 52）。
- 四元杂交——或双重二元杂交。为达到生产目的，二元杂交母畜与二元杂交公畜进行交配。例如，跨国育种公司为得到特殊的蛋鸡和肉鸡，一般都使用这种杂交育种方法。

插文 52
使用性控精液繁育奶牛的杂交品种

在奶牛生产中使用性控精液是人们盼望已久的事情，荧光激活细胞分选法的最新进展使得这一技术在商业范围内得到了应用。近些年来，大批的人工授精公司已经开始向牧场主提供性控精液。控制精液的性别可以使一个封闭种群增加某一性别后代的数量，因此增加了该性别的选择强度。性控精液可以让牧场主通过自己的牛群生产大量的后备母牛。在种群大小稳定的牛群中，可以利用最具基因优点的奶牛的性控精液获得该品种的后备母牛。这可以一次性大幅提升牛群基因水平。在纯种群中应用性控精液，其最大的经济效益是利用多余的奶牛生产出用于肉类生产的杂交牛。

性控精液可以提高生产 F1 代杂交奶牛的效率。如果要使 F1 育种方案具有持续性，一部分纯种牛需要与同一品种的公牛进行交配后生产后备牛。通过使用性控精液，将近一半数量的奶牛能够生产出后备种畜。此外，利用性控精液，所生产的 F1 母畜数量近乎增加一倍。换句话说，生产 F1 杂交牛所需的纯种奶牛的数量可以减少 60%～75%，这当然取决于使用的性控精液的性别比例。当纯种奶牛和杂交奶牛在同样的资源内产生竞争时，纯种奶牛数量上的减少就会呈现出最大化的经济效益。在分层级的杂交体系中，比如在巴西，与禽业和猪业相比，购买和饲养 F1 后备母牛的效益要小得多。在巴西生产体系中，一般在土地便宜的地区饲养后备母牛，这些后备牛是使用荷斯坦牛精液与巴西乳用瘤牛进行交配后生产的。

资料来源：Van Arendonk（2010）。

当利用引进的动物遗传资源对两个品种进行杂交时，建议使用适应本地环境的纯种母畜，而引进的品种作为公畜使用。二元杂交只需要很少数量的公畜，所以仅仅为生产公畜而维持一个种群，就意味着实际种群大小就会大幅减少，增加了种群灭绝的风险。

如果实际种群大小较低，那么品种内改良的潜力就会得到限制，在这方面要有所突破是很困难的。小种群大小限制了选择强度，增加了近亲交配的概率。如果较大种群规模再加上良好的记录和选择，就可以较大地提升生产性能，随之，可以在商业环境下增加品种价值并得到可持续发展。如果认为某一品种的价值只是杂交育种的组成部分，那么就很难保证拥有足够的数量用于纯种选育的目的。而且，种群数量太少的品种的商业价值会被忽略，其结果会导致数量减少并处于灭绝的危险（参见插文53）。

插文 53
玻利维亚克里奥罗韦德里诺牛的双重需求

杂交品种的利用和保护通常涉及很复杂的问题。为了增加牛奶产量，一些性情比较温驯的品种（如荷斯坦牛和瑞士褐牛）都曾引进到玻利维亚。但是在玻利维亚的热带低地，这些品种的纯种奶牛很难生存。为了解决这个问题，在英国驻玻利维亚热带使团 John V. Wilkins 博士的指导下，建立了克里奥罗萨韦德里诺牛品种，用其公牛与性情温驯的母牛繁育后代，以更好地适应当地环境。通过选育拉丁美洲克里奥罗品种的公牛，形成了克里奥罗萨韦德里诺牛。实际上，为了提高牛奶产量，拉丁美洲早已开始克里奥罗选育工作了。

这个品种的改良非常成功，在开展杂交工作中，对萨韦德里诺公牛的需求不断地增加，杂交奶牛的需求要远远大于纯种奶牛。实际上，这种现象意味着纯种动物的数量相对比较少（只有几百头，且大部分饲养在政府的农场中）。所以，品种间的选育要低于在较大种群规模中的选育。虽然生产性能不会消失，但是由于选择差不是很高，要迅速地增加生产性能的遗传优势是比较困难的。这种情况就形成了一个周期循环，低种群规模避免了品种间用于生产目的的选育的进展，使种群始终处于较少的数量。

由 German Martinez Correal 提供。

循环杂交

循环杂交有三种方式：

- 交叉杂交：二元杂交母畜与生产出的二元杂交公畜进行交配，他们的母畜后代与另外一个品种的公畜进行交配。这种循环使用公畜方法在将来的世代繁育中持续使用。
- 三元循环杂交：使用三个品种的公畜与上一代的杂交母畜进行持续地世代

交配。

- 多品种循环：循环交配方案可以应用到 4 个品种（四元轮回）中或继续使用新品种的公畜（不确定的循环）。

循环杂交的一个优点是不需要在牛群或者村落之间交换母畜，从而减少了费用支出和疾病传播的可能性。母畜的所有者只需要购买（单独或群体）公畜就可以了。如果利用人工授精方法，甚至可以不需要购买公畜。循环杂交的另外一个优点是可以保持较高的杂种优势，两个品种循环杂交时，杂种优势为 67％，如果再使用其他的品种比例会更高。其缺点为生产和繁育的后代会最终表现出不同的世代，形成不同的品种组合，表型特征会出现较高的差异。同样，如果其中一个品种是引进品种，开展循环杂交就需要不断地引进新的种质。需要数量较大群体的循环杂交方法还存在着其他一些问题，不仅需要大量的监测工作，还需要大量不同的种质资源。三元循环杂交应为最有效的解决方法。

复合品种

工作中也有一些令人遗憾的情况，如由于处于危险中的品种群体数量较小，很难逃脱灭绝的命运（参见第六章），或者由于生产潜力很低很难证明建立品种保护项目的必要性。在这种情况下，一种方法是不作为实体物质保存，而是保留基因与其他一个品种（或多个品种）进行杂交，形成一个新的"复合"品种（也称为"合成"品种）。如果两个或更多的品种处于较高灭绝风险，就考虑可以将它们结合，形成一个合成的品种。插文 54 介绍了瑞典目前濒危牛品种的基因如何对现存的种群作出的贡献。Bennewitz 等（2008）曾经提出过一个方法（在基因标识的基础上），确定一个品种，与处于危险的品种进行相匹配，从而保护一个国家所有品种的最大多样性。在进行品种匹配时，特别是在缺乏分子信息的情况下，也可以用表型特征的互补性作为匹配的基础。

插文 54
"濒危"品种瑞典牛的基因在现今的种群中得到保护

2011 年年底，在瑞典家畜信息数据系统中，列出了瑞典的 22 个牛类品种，其中有 4 个被列为濒危级。尽管现在已经无法找到这 4 个品种的动物，但是通过历史资料了解到在目前的种群中还存有这些动物的基因。在 19 世纪末和 20 世纪初，Herrgård、Småland 和 Skåne 3 个品种的种群被归为一组，确定为是第 4 个品种，这个合成品种被称为 Rödbrokig Svensk Boskap（RSB 或瑞典红杂牛）。之后，瑞典红杂牛品种继续进化，直到 1928 年，这个品种与瑞典艾尔夏牛相组合，形成了另一个复合品种 "Svensk Röd och Vit Boskap（SRB）。自此以后，尽管它的名字没有变化，但是 SRB 依然具有活力，不断地吸收斯堪的纳维亚国家其他类似品种的基因，同时也对当地的品种贡献着自己的基因。

资料来源：Bett 等（2010）。

很多合成品种是在过去 50～100 年研发的（如 Shrestha，2005）。在热带地区环境中，利用国际跨境品种与适应本地环境的品种（或者多于两个品种的更为复杂的组合）形成的杂交动物品种，然后再在这些杂交品种中进行相互交配，形成复合品种。当外来血统占到 50% 时，选育就会稳定，因为在大多数情况下，如果外来血统超过这个比例，由于适应性降低，就会对品种具有的重要经济性状产生影响。繁育复合品种的长期目标应是保证奠基品种群中具有一定的贡献比例，使其对当地生产环境具有良好的适应性。虽然形成一个复合品种可以有效地保护濒危品种的基因，具有潜在的较高价值和可持续使用的新的遗传资源，但其过程较为复杂，本身存在不足和潜在的危险（参见插文 55）。

插文 55

研发复合品种过程中潜在的困难与风险

复杂性增加。在复合育种方案最初的几年（即形成稳定的种群之前），不同世代的动物可能出现在同一畜群或其他育种群体中。为保证每个品种以一定数量的比例进行交配，非常重要的是，首先要对动物进行识别鉴定，并做好系谱记录。当使用超过两个品种或每个品种最终的基因比例各为不同的 50% 时，这个要素尤为重要。

相同性降低。如果使用杂种父母代进行交配，后代中奠基群的基因比例理论值范围为 0～100%，其外观和生产性能上具有较大差异。

生产性能降低。杂种父母代的杂种优势一般比纯种品种杂交要低。因此，F1 和稳定的复合品种之间的代系的生产性能可能会降低。会使育种人员感到失望和和挫折。

纯种种群的需求。应保证有纯种奠基品种，在需要时注入遗传多样性中，这是最为理想的。但当品种处于濒危状态时，完全融入到复合品种中是不可能的。超低温保护是解决这个问题的一种方法。

文化价值的丢失。尽管在新的复合品种中，大部分品种基因被完全的保护起来，但是原有品种本身已经不复存在，所以品种的一些文化价值就可能会丢失。

育种人员的矛盾心理。如果没有切实地参与到制订计划中并非常赞成这项计划，育种人员就不会对育种方案产生积极的想法，他们可能对建立一个长期饲养的品种育种计划更感兴趣。如果不能快速产生结果，他们就会放弃实施项目。如果在制订育种方案时，让他们感觉到这个项目是为他们制订的，只有他们才拥有这个项目，他们就会以这个育种方案为荣，把自己视为计划的开创者和创新者。另外，还应建立育种协会（参见第五章）以支撑合成品种的研发。

杂交育种与保护

虽然在使用复合品种繁育出另外一个品种的时候，可能会至少丢失一个品种，但是，当制订杂交保护方案时，还是可以考虑使用三种杂交方式（纯种杂交、循环杂交和复合品种的开发）。需要强调的是，从管理角度上讲，如要达到理想的结果，任何杂交方法都需要付出大量的努力。随意的杂交繁育是对适应本地环境的品种的主要威胁（Tisdell，2003），在提升生产性能上往往不能产生满意的结果。

目标

制订稳定的杂交方案以保护动物遗传资源。

资料来源

- 处于危险状态的品种，只能采用杂交育种项目作为可行的保护方案；
- 濒危品种的信息，包括种群大小、濒危状态、优势、劣势、机遇与挑战都会影响长期的可持续性；
- 品种生产体系的介绍资料，包括产品市场的信息；
- 适应本地环境的品种和引进品种的清单和特征信息。应包括品种生产特性、保护和改良品种方案，以及在杂交体系中的作用等。

成果

- 形成保护动物遗传资源的可持续性杂交项目，或培育对今后杂交动物产生贡献的纯种，或将有益基因应用于复合品种中。

工作任务 1：制订保护动物遗传资源的杂交育种体系

如果没有一个计划周密和详细的杂交育种方案，就不会达到预期的目标。所以，在开始任何杂交育种活动前，应该设计出一个详细的计划。动物遗传资源国家咨询委员会应负责计划的制订，或者为了制订计划可以组成一个临时委员会，委员会应当包括重要的利益相关方。

步骤 1   制订杂交育种体系的目标大纲

任何保护项目的主要目标是保护目标动物遗传资源（纯种品种或它们的重要基因），并确定主要支持目标及次要目标。次要目标可能包括提高家畜养殖者的生存水平，满足当地对动物产品的需求。除要考虑杂交动物生产的产品，还要考虑如何克服当地生产系统的局限性。例如，杂交动物理论上应该具有更佳的繁育基因潜能，但是需要更多的投入。如果没有这些投入，就会影响杂交项目的实施。

步骤 2   评估目标品种的状况

在第一章至第三章中分别介绍了在建立杂交保护项目时需要考虑的信息。最重要的信息是种群大小及 N_e、品种的优势和劣势以及对品种生存形成的特定威胁。主要利益相关方对杂交项目的认知程度和参与意愿也是十分重要的。

步骤 3   对杂交体系中包括其他品种的可能性进行评估

只有当杂交动物中的互补品种的基因物质较为充足并具有可持续使用的数量时，杂交育种项目才能成功。应提出所有可能的互补动物品种清单。拥有活体动物的品种以及只有精液的品种都应当在考虑范围内。应通过文献所记载的表型特征和生产性能的研究成果来了解这些品种在当地生产环境下的适应性和生产性能（FAO，2010）。要特别注意了解这些品种独特的基因或特性与保护的目标品种之间的互补性。

步骤 4　列出与生产体系相关的杂交育种体系

能否将列入保护的目标品种作为纯种保护下来是十分重要的。所有的纯种杂交和循环杂交体系都需要保护纯种动物种群。纯种杂交体系需要最大数量的种群，因为需要两组母畜：一组为保护纯种种群，另外一组则为生产 F1 代牲畜。循环杂交育种体系一般只需要公畜生产（或只使用精液）所需的用于杂交的种质。

前述章节中已介绍过，除纯种杂交体系中杂交生产出的 F1 动物的纯种母畜外，纯种种群的 N_e 值应该大于等于 50。最好种群规模大一些，以便在较大范围内实施纯种选育。当 N_e 明显小于 50 时，将种群并入一个复合品种是最实际的选择。

在保护纯种种群时，还需要有意愿开展品种保护的利益相关方（畜牧养殖户或政府机构）的支持，即使保护纯种要比保护杂交品种所产生的效益要低。

步骤 5　描述不同品种对杂交体系的贡献

通过杂交育种，可以最大限度地使用适应本地环境品种的很多特性，如抗病性、抗逆性、动物产品的质量及结构、对特定环境或者生产系统的适应性、消化粗饲料和农作物秸秆的能力等。互补品种通常是为了提高生产性能而做出的选择。同时还要确定每个品种对动物性别的贡献，因为有些品种具有很强的母性特征（如牛奶生产和每窝子畜数），而其他的品种则具有较强的父性特征（如生长率和肉类质量）。

步骤 6　选择最佳的杂交体系

建立杂交体系可以提高适应本地环境动物的生产性能，同时保证在育种种群中保留有适应本地环境的动物高生产性能的基因。在种群数量允许的情况下，应签订一份协议书，该协议书要确保在目标品种的纯种繁育计划中利用生产性能好的母畜。选择一组可以在当地广泛使用的育种公畜。

步骤 7　向更多的利益相关方解释方案，以获得方案最终通过

尽管不同的利益相关方（包括主要的畜牧养殖户）非常深入地参与到杂交育种方案中，最终的计划还是应该介绍给更多的利益相关方，进行必要的讨论和修订，并最终达成一致。特别是当很多畜牧养殖户在实施项目时涉及投入和收益时，更应与他们进行探讨和协商。

工作任务 2：实施并监督杂交育种方案的执行

一旦制订了杂交计划，并得到了所有利益相关方的认可，下一步就是组织、开展和实施计划，包括为取得成功而进行的监督过程。在《动物遗传资源育种策略的可持续性管理》（FAO，2010）指南中，对这些活动有详细的介绍。下面进行简要的概述。

步骤1　杂交育种项目开始前的准备工作

在实施杂交育种方案前，要考虑到很多先决条件，要对提交的项目进行可行性研究。尤其是当需要大量投入时，通常要对项目进行财务分析，并且需要指定专人对项目进行管理。可能会需要如通讯和运输动物的基础设施。

步骤2　建立财务和组织机构

如果需要外部投入时，要保证这些资金的投入，这些资金通常从政府或专门的非政府组织获得。由于杂交动物与纯种动物管理有所不同，所以应对畜牧养殖户进行一些培训。

步骤3　实施杂交育种项目

杂交育种方案需要得到持续的关注和监管，以监测进展和解决发生的问题。与畜牧养殖户进行经常的沟通和交流也是十分重要的。建议任命有能力的畜牧养殖户作为委员会成员以帮助委员会向同行们提供帮助和建议，并向国家动物遗传资源委员会（或同等机构）反馈信息。应加强技术推广部门的力量以解决所遇到的问题。

步骤4　组织提供杂交育种服务

杂交育种项目需要交流的种质资源系统比纯种育种项目更为复杂。对纯种杂交来说，可以在一个或多个农场繁育 F1 代动物，然后分送到其他的农场。对于循环杂交体系来说，育种场需要不同品种的公畜，或活体动物或是通过人工授精。如果建立新的育种协会和人工授精服务中心非常有益于研发复合品种。对如何研究改进项目同样是有益的，应得到支持。

步骤5　提高杂交育种服务并增加吸引力

推进杂交育种项目有助于更多的畜牧养殖户加入进来，各种经济规模不同的农场都会获得成功，最终提升目标动物遗传资源的可持续利用。开展动物标识、生产性能和系谱记录有助于遗传改良，并有助于提升配种系统的综合性管理水平。这些项目所形成的文字资料可以用于项目评价工作。

步骤6　评估杂交育种项目取得的效益和可持续性

需要定期对项目进行评估，以确定是否实现了目标。特别要对以保护为目标的项目进行评估，对目标品种的保护工作是否取得了效益，应向所有的利益相关方（如畜牧养殖户、决策官员及金融机构）说明这些分析的结果。

参考文献

Bennewitz, J. , Simianer, H. , Meuwissen, T. H. E. 2008. Investigations on merging breeds in genetic conservation schemes. *Journal of Dairy Science*, 91: 2512 - 2519.

Berg P. , Nielsen J. , Sorensen, M. K. 2006. Computing realized and predicted optimal genetic contributions by EVA. *Proceedings of the 8th World Congress on Genetics Applied to Livestock Production*, Belo Horizonte, Brazil.

Bett, R. C. , Johansson, K. , Zonabend. E. , et al. 2010. Computing realized and predicting optimal genetic contributions by EVA. *Proceedings of the 9th World Congress on Genetics Applied to Livestock Production*, Leipzig, Germany.

EURECA. 2010. Local cattle breeds in Europe, edited by S. J. Hiemstra, Y. Haas De, A. Maki-Tanila & G. Gandini. Wageningen, the Netherlands, Wageningen Academic Publishers (available at http: //www. regionalcattlebreeds. eu/publications/documents/9789086866977cattlebreeds. pdf).

FAO. 2003. Community-based management of animal genetic resources. Proceedings of the workshop held in Mbabane, Swaziland 7 - 11 May 2001. Rome (available at www. fao. org/ DOCREP/006/Y3970E/Y3970E00. htm).

FAO. 2010. Breeding strategies for sustainable management of animal genetic resources. FAO Animal Production and Health Guidelines No. 3. Rome (available at http: //www. fao. org/ docrep/ 012/i1103e/i1103e. pdf).

Gowe, R. S. , Robertson, A. , Latter, B. D. H. 1959. Environment and poultry breeding problems. 5. The design of poultry strains. *Poultry Science*, 38: 462 - 471.

Kosgey, I. S. , Baker, R. L. , Udo, H. M. J, et al. 2006. Successes and failures of small ruminant breeding programmes in the tropics: a review. *Small Ruminant Research*, 61: 13 - 28.

Meuwissen, T. H. E. 1997. Maximizing the response of selection with a predefined rate of inbreeding. *Journal of Animal Science*, 75: 934 - 940.

Mirkena, T. , Duguna, G. , Haile, A. , et al. 2010. Genetics of adaptation in domestic farm animals. A review. *Livestock Science*, 132: 1 - 12.

Moreno, A. , Salgado, C. , Piqueras, P. , et al. 2011. Restricting inbreeding while maintaining selection response for weight gain in *Mus musculus*. *Journal of Animal Breeding and Genetics*, 128: 276 - 283.

Perezgrovas, R. , Castro, H. , Guarin, E. , et al. 1997. Produccion de vellon sucio y crecimiento de lana en el borrego Chiapas. I. Estacionalidad. *IX Congreso Nacional de Produccion Ovina*. AMTEO. Queretaro, Mexico.

Sánchez, L. , Garcia, C. , Lomas, J. , et al. 2002. Lab experiments on optimum contribution selection. *Proceedings of the 7th World Congress on Genetics Applied to Livestock Production*, Montpellier, France, August, 2002. Session 19.

Schmidt, G. H. , Van Vleck, L. D. 1975. Principles of dairy science. New York, USA, W. H. Freeman and Company.

Shrestha, J. N. B. 2005. Conserving domestic animal diversity among composite populations. *Small*

Ruminant Research, 56: 3 - 20.

Sonesson, A., Janss, L. L. G., Meuwissen, T. H. E. 2003. Selection against genetic defects in conservation schemes while controlling inbreeding. *Genetics Selection Evolution*, 35: 353 - 368.

Tisdell, C. 2003. Socioeconomic causes of loss of animal genetic diversity: analysis and assessment. *Ecological Economics*, 45: 365 - 376.

Toro, M. A., Pérez-Enciso, M. 1990. Optimization of selection response under restricted inbreeding. *Genetics Selection Evolution* 22: 93 - 107.

Valle Zárate, A. 1999. Livestock biodiversity in the mountains/highlands - opportunities and threats. Paper presented at the International symposium on "Livestock in Mountain/Highland Production Systems: Research and Development Challenges into the Next Millennium", 7 - 10 December, 1999, Pokhara, Nepal.

Van Arendonk, J. A. M. 2010. The role of reproductive technologies in breeding schemes for livestock populations in developing countries. *Livestock Science*, 184: 213 - 219.

Woolliams, J. 2007. Genetic contributions and inbreeeding. *In* K. Oldenbroek, ed. *Utilization and conservation of farm animal genetic resources*, 147 - 165. Wageningen, the Netherlands, Wageningen Academic Publishers.

Wurzinger, M. Solkner, J., Iniguez, L. 2011. Important aspects and limitations in considering community-based breeding programs for low-input smallholder livestock systems. *Small Ruminant Research*, 98: 170 - 175.

第八章

提高保护品种的
价值及可持续性

筛选出受到保护的品种可持续利用的方法

理由

　　第七章介绍了如何利用选择育种改善处于危险状态品种的生产性能遗传优势，以及从经济上提升与其他品种竞争的能力。如果 N_e 足够大，建议对濒危和易危品种的保护策略中应包括这类方法。但是，只通过遗传改良，还不能使品种在经济上产生竞争力。在大多数情况下，适应本地环境的品种的生产水平与高产的跨境品种之间存在非常大的差距。由于遗传改良相对来说是一个比较缓慢的过程，如要使性能较低的品种达到具有竞争力的生产水平需要很多年的努力。换句话说，一个品种完全适应了当地的环境，如果进行选育就会打乱这种平衡，对品种和环境都会造成有害的影响。所以，虽然极力建议开展遗传改良工作，但品种保护项目应包括增加目标品种价值在内的其他内容。

　　促进受到保护的目标品种可持续利用，具有多种多样的方法。可以根据情况进行选择采用。举例如下（Oldenbroek，2007）：

- 保护品种的生产环境或畜牧养殖户的传统生活方式。
- 提高农场的动物管理水平。遗传能力和管理水平影响着动物的生产水平（如饲料的数量和质量、圈舍和疾病控制等）。尽管提高管理水平需要投资，但是会带来更好的经济回报。
- 为利基市场提供高质量产品。由于品种存在遗传差异，在生产潜能和产品质量上也存在差异。通常来说，进行高性能选育会对产品质量有负面的影响。与其他动物品种相比，以保护为目的的品种的生产性能是较低的，但是能够生产出高质量的产品（如奶酪、熏肉或者纺织品），由于在利基市场上以较高的价格销售，从而弥补了产品数量的不足。
- 强调原产地以推广高质量产品。利用品种原始的生产环境增加吸引力，比如通过标签的方式，达到产品销售的目的。这种方法需要育种场、生产者和市场营销人员合作开发价值链条，并且要保证消费者对这些产品有持续的需求。
- 根据社会对提高动物福利和食品质量安全的关注进行市场营销工作。对于很多高产的国际跨境品种来说，为获得高生产性能而进行的高强度的选育会降低体能健康性状。如果品种处于新的环境，这些劣势就会更加显现。在传统生产系统中繁育的品种要比引进到这个生产系统中的动物更健康。
- 根据社会对品种的保护关注度进行市场产品的营销。一些消费者会出于对濒危品种未来的存亡的关心而购买产品。
- 利用家畜具有的在自然管理中的生态特性获得额外的收入。在世界有很多地方，如果不对草地、湿地或者荒野进行长期的修剪并缩短其长度，就会变成森林或是低值灌木丛。在许多国家，已经开始利用放牧食草动物来保护这些栖息地。可以使用具有良好适应性能的牛、绵羊、山羊和马进行保护以达到此目的。

- 利用政府支持或其他途径的奖励性政策保持家畜种类和品种的社会和文化功能，包括推动旅游业发展的作用。虽然我们经常探讨这些内容，但是要真正实施这些奖励政策则很困难。但是，应尽量开发与品种的外表、饲养方式或传统民俗相关的潜在的旅游价值，农场也可以通过发展观光业获得效益。

目标

对促进可持续性利用的可能性进行文字记载。

资料来源

- 所有品种的清单以及每个品种特征的文字叙述资料。

成果

- 形成促进可持续利用方案及如何开发利用的计划。

工作任务：为促进可持续利用制订措施

步骤 1　确定机遇和挑战

应仔细了解动物品种对本地区重要性的特性（参见第一章和第三章）并以书面形式对这些信息进行记载，这些信息会展示出品种可持续利用的机遇。同时也要记录下来遇到的挑战，不仅包括低生产性能的影响，也应包括动物生产环境的变化或导致畜牧养殖远离畜牧生产的文化因素等。

如果品种的缺点包括较低的生产性能，那么首先应考虑是否要改善养殖管理环节的工作，这样做能够产生最快的效果，适用于所有的情况并可以作为其他方法的补充。例如，有机农场就不适合马的饲养，用家禽进行生态自然管理的效果也很有限。而对于奶牛、绵羊和山羊品种来说，奶酪生产是最实际的机遇选择。

步骤 2　列出品种特性清单并为它们寻求发展的机遇

要认真考虑如何开发和利用品种独特的特性。比如制作一个表格，将品种特征（如适应性、特殊产品、牧草能力）列在表格的左侧，机遇（如改善管理、专属或利基产品、休闲牧场、自然保护性能的利用）则在表格的上部横向列出，在每个小格中，标志出机遇与特征的相关性。

可以参照第一章所介绍的品种 SWOT 分析的内容，进行特征与机遇的比较，即采用优势与机遇相结合策略（SO 策略）。插文 56 列出了南非乌古尼牛品种优势清单和开发这些优势的机遇。

插文 56
南非乌古尼牛的优势及增加其价值的可能性

乌古尼是南非牛的一个品种，已经在当地饲养了近 1 500 年。因为体型相对较小并且对该品种的偏见，在 20 世纪后期当殖民者统治这个国家时，乌古尼牛被认为是劣等品种。在历史的各个阶段，政府支持的项目都是倾向于引进的品种，通过品种"改良"和品种取代计划，几乎导致了乌古尼牛灭绝。直到大约 25 年前，对这个品种负面的认知才有所改进，当地官方开始重视该品种优势。在经过精心设计和对其特征研究后，证明了在同样的生产环境中，乌古尼牛与引进品种相比是十分有竞争力的。正是在当地多年的进化，乌古尼牛对当地气候、疫病及害虫均具有了良好的适应性。政府意识到，乌古尼牛尤其对于资源短缺的牧场主来说是很有价值的动物遗传资源。目前，这个品种已经东山再起，具有在苛刻环境下提供肉类生产的价值及其他方面的优势。下面的表格展现出其品种的优势及相应附加值的可能性。

优势	机遇
适应性	在较贫困地区只需要较低的成本生产
肉质	品牌产品，杂交育种
独特的外观毛皮	特殊的皮革制品
抗蜱性	更高质量的毛皮（没有蜱虫咬的痕迹）
倾斜的臀部结构	易产犊，较低的生产成本

资料来源：Ramsay et al，（2000）。

步骤 3　确定可实现的机遇并制订其使用和开发计划

在对步骤 2 中的特征和机遇进行组合后，就可以进入到提出行动具体方案阶段了。将需要开展的活动列出大纲并需要得到利益相关方的确认。需要注意的是要提出优势和劣势以及要克服的困难，并且应对实施方案的成功概率进行评估。

准备一份关于生物文化社区协议

理由

有很多的例子可以表明，尤其是在发展中国家，许多处于危险状态的品种已经得以保护并由一些社区的居民进行饲养。对于这些品种，社区的居民通常与这些品种具有十分紧密的文化联系，社区居民与品种和周围的环境之间互相影响。这些社区通常拥有丰富的，针对牲畜的可持续管理与环境之间关系的知识。在这种情况下，品种的存活不仅取决于其本身具有的特性，同时还在于社区是否能持久存在，以及社区成员在受到外界压力时能否维持满意的生活水平。品种的濒危状态对于社区本身的存在来说就是一种间接的威胁。例如，缺乏草场或水源可能会阻碍这些牧业社区能否依然继续他们的传统生活方式以及饲养适应本地环境的家畜。应对品种功能、社区保留的文化实践以及当地知识进行详细记录，以便清楚地让决策者了解到这些品种对当地社会是多么的重要，包括对当地生物多样性起到的补充和保护的作用。

收集、整理和传播这些信息的方法是建立一个《生物文化社区协议》（BCP）。这个概念最初是由"自然公正"非政府组织提出（自然公正，2009；农村居民当地家畜权利赋予网站，2010）。《生物文化社区协议》是在与畜牧业养殖社区农户（或其他类型的社区）、了解当地情况的律师和专家相磋商的基础上而起草出的正式文件。《生物文化社区协议》记录了这些社区品种的信息、在社区生活中这些品种起到的作用、当地社区的知识以及在管理多样性方面所发挥的作用。社区协议得到了《生物多样性公约》的承认，并在《名古屋议定书》的"获取与惠宜分享㉖"章节中谈到了这个内容。插文 57 描述了在肯尼亚桑布鲁社区制订《生物文化社区协议》时所采取的步骤。

插文 57
桑布鲁《生物文化社区协议》及肯尼亚红马赛绵羊的保护

背景

桑布鲁是肯尼亚和坦桑尼亚共和国马语系游牧社区的一部分。除了桑布鲁社区，马亚社区包括肯尼亚南部的马赛部落、坦桑尼亚共和国北部以及肯尼亚北部科皮亚和奇姆司部落。桑布鲁人生活在肯尼亚北部的干燥地区。他们饲养着很多

㉖ http://www.cbd.int/abs/

本地家畜物种和品种,包括红马赛绵羊。这种宽尾绒毛羊已经在马社区存在了数个世纪。该品种耐旱、强壮,具有抗病性,尤其是具有很强抵御胃肠道寄生虫的能力。更重要的是,这种绵羊对于桑布鲁社区的生存和食品安全起到很重要的作用,同时承担着大量的社会文化功能(Kosgey,2004)。近年来,这个品种独特的基因特征吸引了科学家的注意,他们非常想了解这个品种会产生何种商业效益。

尽管红马赛羊具有很强的适应性,但是它的肉类产量相对较低。出于满足市场对个体较大的杂交羊需求,用杜泊羊对该品种进行了持续的杂交改良,该品种的生存受到了较大的威胁。很多养殖户放弃了红马赛绵羊的饲养,而采用了杂交品种。但由于肯尼亚经常发生持续干旱,适应性较差的红马赛杜泊杂交品种遭到大量屠宰。针对这一情况,有人提出了建议,需要桑布鲁社区准备一份《生物文化社区协议》,以强调红马赛绵羊的重要性,目的是鼓励畜牧养殖户继续保护这一品种。

准备过程

尽管在准备《生物文化社区协议》时,外部专家能够起到主要作用,但还是需要采取参与式的方法,以保证社区参与整个过程以形成最终协议。桑布鲁《生物文化社区协议》的起草是由"自然公正"的律师、1名牧区人民联盟的职员、1名莱卡部落的女性领导人(拥有在印度发展本社区《生物文化协议》的经验)、1名非洲的农村居民本地家畜权利赋予网络成员和1名桑布鲁部落杰出的成员共同进行的。该小组与桑布鲁社区举行了一系列的会议让他们了解整个过程。随后,小组成立了。红马赛畜牧养殖户代表小组以文字记载他们所了解的情况。在进行了多次交流后,形成了《生物文化社区协议》的初稿并翻译成桑布鲁语。翻译的版本提交给桑布鲁社区代表小组,小组开会对内容进行了讨论、修改并同意其内容。此外,桑布鲁社区利用这个机会考虑如何利用《生物文化社区协议》及保护本地家畜品种。他们同意采用《生物文化社区协议》作为年轻一代学习的工具,并让世界了解他们在全球生物多样性中所做出的重要贡献,开始尝试村级保护,推进与其他马亚社区签署《生物文化社区协议》。随后对这些文件进行了编辑和出版。出版的文件在桑布鲁属地组织的仪式上正式发行,肯尼亚家畜发展部和农村居民本地家畜权利赋予网络的官员出席了发布会。

收益

准备《生物文化社区协议》的过程向畜牧养殖户提供了一个机会,在这项工作中不仅对他们饲养的家畜所具有的社会文化作用进行了重新认识,并让他们将自身在保护动物遗传资源多样性和生态系统方面所发挥的作用以文字形式记录下来。他们也更多地了解认同了他们作用的国家和国际的程序和机构,并且了解到如何让外界更加关注他们。桑布鲁部落和政府官员之间的互动推动了对适应当地环境的品种的保护工作,并且强调了在国家和国际层面畜牧养殖户所能起到的作用。

事实上，发展《生物文化社区协议》的过程是对桑布鲁社区赋予权力的过程，因为《生物文化社区协议》帮助他们思考在动物遗传资源中他们所能开展的工作，同时也宣传了他们具有的这些资源品种是他们的财产，也记录下了他们的传统知识在发展动物遗传资源中起到的作用。《生物文化社区协议》的发表在桑布鲁社区之间引起了极大的兴趣。他们很高兴他们的信息被发表，并激发了他们保护本社区品种的兴趣。

----

* http：//www. pastoralpeoples. org/docs/Samburu_Biocultural_Protocol_en. pdf
由 Jacob Wanyama 提供。

向政策的制订者介绍《生物文化社区协议》可以引起人们对社区工作的关注，对保护农业生物多样性具有重要作用，从而制订出对社区持续存在的政策，这对于社区内的品种持续的发展是非常有利的。此外，通过开展《生物文化社区协议》中确定的生产活动对于畜牧养殖户来说具有教育意义，增强了他们对资源、权利和责任的价值的认识。准备《生物文化社区协议》的过程实际上也是一个给畜牧养殖户和他们的社区赋予权力的过程。

目标

为处于危险的品种养殖户准备《生物文化社区协议》。

资料来源

- 处于危险状态的品种的当地社区资料。
- 对品种特征的知识，品种管理的传统实践，文化重要性和品种与环境之间的相互作用。
- 开展协助工作的组织以及法律和其他专家的团队。

成果

- 撰写出有关处于危险品种和畜牧养殖户社区的《生物文化社区协议》。
- 向社区成员宣传他们的权利及品种价值。

工作任务 1：与利益相关方讨论《生物文化社区协议》初稿

步骤 1　建立本地社区与协助小组之间的工作关系

《生物文化社区协议》最好由社区自身撰写。但是在大多数情况下，这不是很现实，主要原因是很多社区甚至都不了解《生物文化社区协议》的存在，也难以获得所需法律专家的咨询途径。所以，这个协议准备的过程通常需要一个与社区具有良好合作关系的非政府组织或者其他外来组织的帮助。如果没有这种组织，协助小组和社区之间就要花时间相互熟悉。在开始工作之前，应尽量多的了解社区的背景情况。即使已经与社区建立了关系，《生物文化社区协议》的准备过程仍要十分谨慎，完成的进度由社区决定而不是由协助小组来决定。

步骤 2　举行一系列研讨会以收集信息并讨论可选方案

应与各种社区成员召开会议，目的是收集信息、讨论社区面临的挑战。在选择参会人员时，要考虑性别的平衡以及其他因素，以保证具有全面的代表性。收集的信息应包括品种的特征，尤其是特殊或独特的特性、品种管理的传统实践、方法和技术以及遗传多样性；是否对品种所处的环境开展了自然生物多样性的保护尝试等。应记录下社区拥有的牲畜是否生产公共商品，还应关注品种重要的文化和仪式功能。应对社区继续存在的威胁因素和保护动物遗传资源能力等问题进行讨论。有些问题可以通过政策解决，例如，要特别强调加强对放牧的监管并对环境服务支付一些费用等问题。

步骤 3　收集翔实、最好是有关社区和资源管理的定量数据

在准备《生物文化社区协议》时，要注意使用真实数据，避免主观的政治评论，这样的《生物文化社区协议》会更具影响力。例如，通过草场上生长的植物及多种野生动物来展示其在该地区应当进一步开放草场，饲养更多而不是限制饲养家畜。可以使用地图、照片和视频等方法提供有价值的信息。

步骤 4　对社区农户提供相关适宜的培训

对于社区来说，准备《生物文化社区协议》的过程要比最终的文件结果更为重要。应当告诉社区成员有关的政策和措施，例如《全球行动方案》和《名古屋议定书》以及作为品种开发和公共商品的生产者所拥有的权利。同时应就如何开展数据的收集、文字记录及与决策者如何磋商并得到法律授权等方面进行培训并提供直接的帮助。

工作任务 2：准备《生物文化社区协议》

步骤 1　起草《生物文化社区协议》大纲

对《生物文化社区协议》的内容没有正式和严格的规定，但是要保证所有相关的信息要条理清晰地呈现给大家。从事畜牧养殖的社区[27]在准备《生物文化社区协议》时，要注意应包括以下内容：

- 社区介绍；
  - 地点和环境
  - 历史
  - 风俗、价值和法律
- 动物遗传资源的介绍；
  - 特性
  - 文化的重要性
- 社区传统知识的介绍；

---

[27]　http://www.pastoralpeoples.org/bioculturalprotocols.htm

　　—动物遗传资源管理

　　—生物多样性管理总体情况

- 简述使用途径和利益分享机制；
- 目前和未来的威胁及挑战；
- 决策者的行动呼吁书；
- 承诺保护生物多样性的倡议；
- 根据国际法阐述社区所拥有的权利。

此外，还需附上其他的辅助性信息，比如社区制订的生物多样性详细记录、准备《生物文化社区协议》时用的参考文献和过程描述等。

步骤 2　以决策者喜爱的语言和规范的格式准备《生物文化社区协议》

《生物文化社区协议》是个法律性文件，所以它的语言要反映出法律的特性。出于这个原因，在准备《生物文化社区协议》中，律师十分重要。社区的居民也要理解《生物文化社区协议》并得到他们的通过，所以要向社区代表解释最终文件的确切内涵。《生物文化社区协议》可能需要多个版本，因为社区使用的语言可能不是国家的官方语言。

工作任务 3：充分考虑在准备《生物文化社区协议》过程中可能出现的问题

尽管《生物文化社区协议》目的是让社区人群受益，但是也可能带来负面的影响，要谨慎实施，以保证不产生任何问题。

步骤 1　协助而不是强行推动制订《生物文化社区协议》

协助小组必须发挥它的作用，即协助作用。社区应成为整个过程的主角，只在需要帮助的时候，外部才可以给予一些指导。一些社区不愿意公开他们的风俗和生活方式等内容的信息。在撰写文件过程中，一定要避免协助机构人员将他们的偏见带入文件中。

步骤 2　警惕生物剽窃

一些社区会有所担心，如果过多地宣传他们的动物遗传资源和独特特性后，跨国公司或其他外国实体会试图从他们的资源中获得经济利益，而且不与当地社区进行这些利益的分享。这种生物剽窃的现象在植物遗传资源方面曾有发生。而在动物遗传资源方面是否存在同样的问题以及存在的可能性还不能确定（Hoffmann，2010）。为防止这样问题的产生，应当利用《资源转让协议》中的条款，规定在社区外使用或传播本地动物遗传资源或当地知识时要注意的事项和条款。《生物文化社区协议》中要包括关于动物遗传资源和知识的权利的相关内容。

工作任务 4：传播《生物文化社区协议》

步骤 1　向决策者介绍《生物文化社区协议》

为了使《生物文化社区协议》产生效益，首先要让政策制定者们知道协议的存在。至少《生物文化社区协议》要发送给相关的决策者。如果可能，需要创新其方法，社区代表和协助小组应与决策者进行面对面的交流。

步骤 2　向公众宣传《生物文化社区协议》的内容

在民主体系中，政府应当根据人民的意愿而作为。因此，应广泛向公众宣传社区、他们的生活方式、他们对保护生物多样性的贡献、面临的挑战、《生物文化社区协议》的内容，从而推动决策者采取相应的支持政策。在开展这项活动时，协助小组应起到重要的作用。

实施"榜样育种者"项目

理由

正如第七章中所论述的，遗传改良可以提升品种的经济性能，从而增加了品种竞争力和生存概率。遗传改良工作是一项永久性和累积的过程，也是需要多代的培育过程，其效益只能在较长的时间内显现。通过提高管理实施遗传改良水平，会有助于促进动物品种在经济上的可持续发展。提升管理水平可以大幅度提高生产能力，畜牧养殖户在短期内可以得到经济回报。这样做可以让养殖户在见到遗传改良的效果前，继续从事品种的保护工作。因此，提高管理水平应该与育种和保护品种的遗传性能同时进行，但是要保证所采用的改良要与本地的经济、社会、文化和环境方面相适应。在大多数情况下，简单的复制温带地区规模化生产模式既不现实，也是不可持续的。通过技术推广服务是提高畜牧养殖户管理水平的有效方法，可以与育种协会合作共同开展工作。

虽然"榜样育种者"人数有限，但他们的贡献却会有益于大部分的品种。这本指南中，"榜样育种者"这一术语是用来描述拥有大量本地知识的家畜育种人员的，他们能够很好地管理他们的动物，并且运用有效的繁育体系（参见插文 58 的例子）。但是要注意的是在不同的国家或地区，形容榜样育种者的名称也是不尽相同。比如，有时会使用"育种大师"来表述。所有的动物品种都可以从"榜样育种者"的工作和传播他们的知识和技术的方法中受益。"榜样育种者"在家畜管理和遗传选育中具有丰富的专业知识，这些知识对于未来的从业人员是十分有用的。应当以书面形式向现在和未来的育种人员进行宣传，从而让未来的育种人员和动物品种本身获益。

插文 58

美国"传统火鸡"的榜样育种者

美国家畜品种管理委员会*已经开展了"榜样育种者"（也被称为"育种大师"）项目，这个项目使用他们的知识和经验以达到逐步的放弃使用传统的育种技术的目的。这是对非工业化"传统火鸡"生产进行的第一次尝试。传统火鸡包括适应美国当地环境的各种火鸡的品种，这些品种具有多样的传统特性，但在现代商业化的品系中已见不到这些特性了。这些特性包括在粗放的管理环境下和不使用人工授精方法而生存的能力。火鸡曾经在粗放的环境中进行生产，但是在现代体系中，火鸡很难适应粗放的环境。随着粗放体系的减少，饲养火鸡、选育种鸡以及保证其在粗放体系中保持较高水平的生产特性的技术同样也在减少。

已经筛选了很多的重要育种人员并对他们进行了采访，通过在不同地域举办一系列的研讨会，这些育种人员的技术得到广泛的宣传。这个项目让更多的育种人员应用经过长期实践的选育技术。由于具有生产潜力，这为传统火鸡生产奠定了坚实的基础。"榜样育种者"通常还是精通营销种畜和特性产品的内行。

---

* www.albc-usa.org

由 Phil Sponenberg 提供。

"榜样育种者"使科学知识和艺术相结合。他们的工作方法来源于多年的细心观察和经验。由于他们的技术经常凭借直觉，所以很难量化并进行记录。如果有细心的局外观察员可以帮助"榜样育种者"记录下他们的实践经验，那么就可以让更多的人从他们多年的经验中受益。

目标

制订从"榜样育种者"获益的方法并传播他们的知识。

资料来源

- 拟吸纳到工作中的"榜样育种者"名单。

成果

- 对"榜样育种者"的知识进行汇编；
- 制订如何学习并从"榜样育种者"获得收益的策略；
- 宣传和分发"榜样育种者"知识的学习材料。

工作任务 1：准备"榜样育种者"知识名录

步骤 1　筛选并确定"榜样育种者"

积极寻找每种动物品种的育种人员。这些育种人员根据他们饲养动物的表现或是在社区享有的名誉是很容易寻找到的。因此，相关信息来源要包括性能表现记录（如果保留有记录）和对育种者的调查。

步骤 2　采访"榜样育种者"并探讨他们的技术以及成功的经验

在工作中观察"榜样育种者"。面对面的采访"榜样育种者"能够发现这些育种者的特性以及获得成功的细节。仔细观察可以梳理出管理和选育细节。

步骤 3　对"榜样育种者"直观的管理技术进行确认并记录

"榜样育种者"的技术只有在与其他育种人员进行交流时才会产生效益。过去，育种人员在与下一代育种人员一起工作时就会进行直接的传承。但是，家畜繁育由隔代人继承的现象已越来越少，更不可能将技术服务活动扩大到更多的人群中去。通过对"榜样育种者"的记录，利用这种交流方式进而缩小隔代人继承这一问题的鸿沟。要特别关注饲养动物所使用的设施以及饲养动物时的技术。

步骤4 对"榜样育种者"的直观选育标准进行记录

以技术为基础的选育决定多年来已经被证明是十分有价值的。有些技术可能表现出不合逻辑，但是会产生有价值的结果。这种技术应当被记录下来让后代获益。记录要特别注意的是，观察并估测到了何种性状，这些性状对生产性能或生存能力产生了何种影响等。

工作任务2：宣传"榜样育种者"的知识并鼓励应用

步骤1 尽可能在最广的范围内传播"榜样育种者"的信息

传播"榜样育种者"知识的工具包括手册、教育书籍、小册子、网站、研讨会和培训班。培训班和现场实习尤其有帮助，因为人们可以与"榜样育种者"进行直接的接触，也为未来的交流创造了机会，强化了观念和技术的传播。在很多情况下，通过视觉手段和亲自动手所获得的知识要比通过阅读或者参加讲座、演讲获得的知识掌握的更为牢固。

步骤2 奖励或以其他方式认可"榜样育种者"的贡献

大多数的"榜样育种者"只是自觉地从事育种工作，是为了他们个人的满足感，或使他们的动物更高产、利润更高，所以也就不希望他们的所作所为得到奖励。但是他们仍会感谢对他们在品种保护方面所作出的贡献正式的表彰。很多育种者协会都有年度奖励方案以表彰杰出的育种人员。还有一些国家为在品种保护中做出特殊贡献的人们提供了类似的奖励。插文59介绍了一个印度的例子。

插文59
印度的"品种救援奖"

印度是公认的多种家畜类型的驯养中心和动植物食品及农业遗传资源的家园。所以，对这些资源的保护是国家的荣誉。2007年，为协助家畜品种的原地保护工作，一个非政府组织——农村居民本地家畜权利赋予网络机构，提出了设立"品种救援奖"的建议，以表彰在保护和改良家畜品种中做出杰出贡献的个人家畜养殖者或整个社区。2010年，这个建议得到了世界著名植物育种专家M. S. Swaminathan博士的赞同。

目前，每年的"品种救援奖"方案由SEVA（可持续性农业和环境志愿行动）和农村居民本地家畜权利赋予网络机构共同实施，得到了全国生物多样性机构的支持。奖励包括10 000卢比的奖金和特别证书。每年至少向20名领奖人颁发。可以在http：//www. sevango. in/breedkeepers. php. 网站上查询到历届获

奖人员名单及相关资料。这些资料介绍了一些"榜样育种者"，通过他们自身的努力，不仅开展了品种保护工作，同时也提高了他们的生活水平。

由 Devinder K. Sadana 提供。

　　奖励项目不仅奖励目前对品种可持续利用有贡献的"榜样育种者"，同时也能起到鼓励新的育种人员使用他们的技术，在未来成为"榜样育种者"。

投资于利基市场生产

理由

在世界范围内，有一些很好的品种繁育出了高质量和特殊的产品，为品种的保护作出了有效的贡献。努力增加具有品种特性的产品价值与增加品种生产性能均能获得同样的效益，从而改变只有几个生产性能高的品种就能占据广大市场的状况这是更为现实的策略。当市场上的特殊品种产品产生附加值时，生产者可以获得更高的利益回报，从而增加了品种的安全性。在有些情况下，如果产品本身具有其特性，也会增加其产品的价值。还有一些其他的情况，当地出产的特性产品也是具有吸引力的，从而增加了价值。当产品以传统技术并与本地消费者紧密联系时，利用利基市场营销方法是一种很好的策略（LPP et al，2010）。这种营销手段涉及已存在的传统产品或具有独特特性的新开发的产品。

利基市场有助于生产潜能较低的品种与通过高强度选育的国际跨境品种之间的竞争（参见插文 60）。具有品种特性的产品可以吸引对当地产品感兴趣的消费者，这对动物遗传资源的保护是十分重要的，这些特定产品是与这些动物资源紧密联系的，在特定区域内很容易寻找到这些产品。

插文 60
跨越种族和宗教界限的美国传统火鸡

这是一个成功的案例。在美国，在传统体系中，人们饲养不同品种的火鸡在利基市场上销售。但此次的促销活动是在"传统火鸡"与工业化生产（价格较低）的火鸡之间的比较。在美国，一个最重要的、传统的文化活动之一就是感恩节，一般在 11 月末举行，通常都有庆祝晚宴。晚宴的传统是配有火鸡及其他菜品。感恩节是一种可以打破族群和宗教的界限，任何人都会参加的全国性的庆祝活动。

火鸡作为庆祝感恩节晚宴是十分重要的部分，推动了传统火鸡品种在宴会上的消费。尽管以传统方式饲养的火鸡的价格要超过商业化生产火鸡的十倍，但是对传统火鸡的需求依然很高，以至于市场难以满足消费者的需求。对于成年火鸡的需求明显增加了幼禽的需求量，使得一些孵化场大幅增加了繁育种群。增长的需求产生了相反的作用，导致了传统品种灭绝的趋势。这种相反的作用与特殊产品、特殊饲养方式以及特殊的晚宴都有着直接的关系。正是因为与在感恩节消费的数百万的工业化生产火鸡相比，传统火鸡的需求显得极少，这一切才更加引起人们的关注。由于种群规模的增加，人们对繁育火鸡的传统技术的评估和选育也非常的关注。尽管如此，现在几乎已经重拾起了20世纪初期和中期成功的实践经验。

由 Phil Sponenberg 提供。

对具有品种特性的产品的促销呈现出众多挑战与机遇（LPP et al，2010）。挑战包括缺乏对目标品种的认知，由于产品的数量很少，使市场的分布不均匀或较为分散，造成了市场营销的困难。将本地生产商组织起来是较为困难的一项工作，这是不容易克服的障碍，建立稳定的市场也是一项很困难的工作。在很多情况下，如果在整个销售过程中由某个"冠军"——即对利基市场具有特殊兴趣的某个人或某个组织来专门负责市场的营销工作，成功的可能性会更大。从积极的方面讲，本地产品通常具有特殊的品质，这是市场营销活动的基础。强调这种产品的本地特征使当地的生产者可以在本地区域内获得很好的经济效益。其关注点是当地的遗传资源和当地的传统，所以必须要为拯救它们而努力工作。

关注具有品种独特性能的产品能够为动物品种的独特能力提供安全产品市场，这是一个优势。在很多情况下，相比标准化商品，需要更加重视具有独特性潜能的市场。相比较富足的社会，资金匮乏的社会不可能承担得起奢侈产品的消费。但是，尽管确实存在这种情况，甚至在可支配收入很少的情况下，传统的产品依然吸引着消费者的需求。由于当地产品的价格较高，给育种人员提供了较好的经济回报，让他们继续饲养这些牲畜。随着收入的增加和拥有更多的可支配收入，传统产品将会占据越来越多的市场份额。

目标

为受到保护的动物生产的产品进入利基市场制订计划。

资料来源

- 需要一名"冠军"引领利基市场营销全过程；
- 受到保护的品种独特特性的清单；
- 消费者购买利基产品的潜在兴趣的知识；
- 开发和营销利基产品限制因素的认识程度。

成果

- 形成动物品种为利基市场生产产品的清单，包括传统产品以及创新型产品；
- 制订营销产品的计划。

工作任务 1：确认潜在的利基产品及服务

步骤 1　以表格形式列出能够生产利基产品的动物品种特性

在第一章和第三章中介绍的各项工作都为筛选和开发利基产品提供了基础信息。在确认动物特性的过程中，全面了解品种的性状及生产的产品。对主要的育种场和其他畜牧养殖户、潜在的消费者和价值链上的其他成员，如加工厂、生产商以及营销人员进行调查，以增大信息量。插文 61 介绍了墨西哥绵羊品种的养殖者如何充分利用绵羊毛的独特特性的故事。

插文 61

在墨西哥恰帕斯地区利用羊毛特性促进了绵羊品种的保护

在墨西哥恰帕斯地区，牧羊女饲养的绵羊毛具有特殊性能，在本地传统的纺织品的生产中，这种羊毛非常重要。由于很多牧羊女参加了该项目，培育羊毛特性也成了育种项目的一部分。这种绵羊越来越受到重视，其种群数量增加，绵羊的拥有者为该品种的保护作出了很多的贡献。

资料来源：Perezgrovas（1999）。

步骤 2　为具有自身品种特性的产品寻找市场

在开展步骤 1 工作后，就要寻找潜在的市场。在确定生产何种产品之前，就应开始为特殊的产品寻找市场。插文 62 介绍了如何为已经存在的产品开拓新市场的例子。

插文 62

阿根廷巴塔哥尼亚销售用林卡绵羊毛生产的工艺制品

在阿根廷巴塔哥尼亚地区，人们饲养着一种处于濒危的林卡绵羊，这种绵羊生产粗羊毛。这种毛可以用于生产一种特别的斗篷和其他纺织品。一家生产合作社开始将这种特别的产品向参观景区的游客推广，而这个景区恰好是该品种的发源地。这大幅度提升了原毛的价值，为当地社区的剪羊毛工、纺纱工和织工提供了工作机会，保证了特殊纺织品的供应。

资料来源：LPP 等（2010）。

在产品的销售初期，从逻辑上讲，产品只有一个单一的市场销售渠道，但如果使销量大幅上升并经受住任何市场变化，还是需要拓宽销售渠道。多条营销渠道可

以应对生产体系或产品质量方面的变化。插文 63 介绍了在英国如何利用多元化市场销售白色公园牛牛肉。

步骤 3　组织研讨会制订创新性的营销方案

讨论会是一种将生产和市场链上各个利益相关方聚集在一起的方法。通过研讨会，集思广益，提出利基产品的营销方案并制订如何实施的营销计划。利益相关方通常包括生产商（畜牧养殖户）、营养学专家、零售商、屠宰厂、食品加工商、厨师、消费者、营销人员和手工艺人员。邀请范围广泛的利益相关方参加会议有利于制订出针对利基市场消费者的潜力产品和服务清单。邀请外界人员作为会议主持会有利于提高会议的效率，获得新想法和新思路。

插文 63

白色公园牛——英国肉类市场营销的研究案例

白色公园牛是一种英国本土品种，被评定为濒危物种。种群包括 900 头繁育奶牛和 73 头繁育公牛及幼畜（65 头自然交配，8 头人工授精）。它们被分为 81 个畜群，广泛分布在英国各地。它们适应了在广阔的草场上啃食牧草，利用这些牛的特性开展草原的保护工作具有特殊的价值。

非繁育用途的牛在草原上放牧，啃食牧草。这些牛通常在 30～36 月龄时进行屠宰。其体重达到了 580 千克，胴体重达到 325 千克。育种场一般采用两种营销方法，从而获得较高的价格：

1. 由育种场或牛的所有者直接向高端市场销售。白色公园牛因高质量（尤其是它的口味和大理石花纹）而闻名。至少从 17 世纪早期，英国詹姆士一世重新命名腰肉为"西冷牛排"之后，白色公园牛受到了关注。酒店、餐厅和专业零售商（通常多见于伦敦，但别的地方也存在）对白色公园牛肉有着大量的需求。这种牛肉比普通市场价格要高出两倍。

2. 通过"传统品种肉类营销方案"进行销售。此方案是在 1994 年由"珍稀品种生存信托基金会"在英国确定的营销方案。"传统品种肉类市场营销"是一个多动物品种的组织，只负责濒危动物品种产品的销售。它利用通过"珍稀品种生存信托基金会"认可批准的饲养企业、当地屠宰场和专业零售肉店结合在一起的结构，帮助那些信心不足但具有能力向精品市场提供产品的农户，获得较高的价格（比普通市场价格高 25%）。

如果不能够进入上述的任何一种专门的市场，育种场只能通过公开拍卖形式以普通的方式进行销售。这种拍卖是为了满足大众市场，参加的买家主要购买的是主流动物品种。由于珍稀品种不符合常规需求，其产品的价格通常要比普通市场价格低。

由 Lawrence Alderson 提供。

步骤 4　对潜在的利基产品和服务按优先顺序排列

通常，由于资源匮乏，应对最具希望的产品进行生产开发和促销。由于受多种因素的影响，利基产品市场潜能很难支持品种的保护工作。对于那些在市场上已经被认可的产品，可以成为促销的重点（更多的销量或者更高的价钱，或采用这两种办法），进行优先促销。这种方法叫做"市场渗透"，通常是最简单和最成功的策略。另外一种相对安全的策略是将现有产品推广到新的市场，以增加总收入。最为冒险的策略是开发全新的产品。这种方法需要产品和市场同时开发。插文 64 介绍了这种多少有些冒险的策略如何对品种的保护产生较高的回报。

插文 64
沙漠冰激凌甜品促进了印度 Raika 骆驼的保护

印度 Raika 骆驼的保护与一种特殊的商品生产和销售有关，即用骆驼奶制作冰激凌。采用了创新市场销售策略，以"沙漠甜品"来命名这种独特的产品。由于该品种通常用于牛奶生产，这个产品可以算是传统利用的延伸。除了首创冰激凌产品，在新产品开发方面也进行了创新性的尝试，利用这种动物粪肥制造纸张，大量生产贺卡。对这种不寻常产品的需求超出人们的预期，生产供不应求。这两种产品，一种传统，一种新奇，都增加了牧民管理动物品种的经济回报，让品种和传统饲养体系更加牢固。

资料来源：www.Ipps.org。

工作任务 2：计划并实施利基产品的市场营销活动

步骤 1　起草商业计划

首先应咨询经济学家或商业专家，这样有助于构思商业计划并打造市场链，同时需要与市场链中其他利益相关方进行合作。要想成功销售具有特性动物品种的专门产品，要将其与主流品种在市场上销售的标准产品区别开来。在市场计划制订时要充分考虑到这个内容。可以通过四个方面区分产品：产品本身、价格、产地和推广，也被称为"4PS"或者"混合市场"。常见的策略是将重点放在较高的质量（至少具有较高质量的概念）或是独特的味道或外形上。在插文 65 中进行了举例说明。直销市场能够产生多重效益，可以"省掉中间人"的环节，增加了家畜养殖者的利润，并且提高了关注食品来源的消费者的忠诚度。在利基市场中进行促销也是很重要的一项工作。整个商业计划要以争取到尚未意识到动物品种产品的优势特性的新客户为出发点。

步骤 2　对商业计划和潜在市场进行认真的分析

在进行了市场调查和可行性分析之后，应着手市场计划的撰写工作。建立利基

插文 65

在美国销售兰德尔白脊牛的玫瑰小牛肉

美国的兰德尔白脊牛是一种古老的具有三种用途的品种（产奶、食肉、役用），因为它无法与专门生产乳制品和牛肉的品种竞争，已经面临濒危灭绝的状态。如果与生产市场上的主流肉类和奶制品的品种相比，兰德尔牛难以成为一个保护品种受到重视。因此，兰德尔牛寻求销售的是一种特别的、价值较高的产品。对"玫瑰小牛肉"（满周岁牛犊的肉品）的创新性促销赢得了餐馆的稳定市场，从而生产商能够获得高额的经济回报。

由 Phil Sponenberg 提供。

市场需要时间和资金的投入。在准备市场计划时，会产生一次性的支出，而营销则需要持续地投入。通过市场调研，可以了解到是否能够吸引到足够多的消费者以便收回投资。

步骤 3 生产少量产品，先进行试验性营销

即使商业计划和市场分析都显示出所制订的利基市场营销会有很高的盈利，还是应当以稳妥谨慎态度开始。对于小种群的品种，很有必要从小范围着手。如果市场营销项目有外部资金，那么投资人在扩大投资额之前非常希望看到一定的投资回报。

步骤 4 通过市场需求评估销售并增加生产量

几乎所有活体保护项目的目标都是增加真正的以及有效的种群大小，以保证品种脱离灭绝状态。利基市场计划的发展和培育要与品种种群大小相一致。这就会涉及在同一个市场内售卖更多的产品，扩张其他新的市场、开发新产品或所有的上述内容。但是，必须要注意的是，要保证在拓展市场时产品（如质量和特殊性）应继续保持能够吸引足够的消费人群，并且即使在消费量持续上升时也不会对价格形成下行的影响。

依靠产地或文化意蕴提升价值

理由

在很多情况下，动物品种的何种特殊特性能够为利基市场生产出高质量的产品，这个问题在短期内似乎很难寻找到明确的答案。在这种情况下，必须要研究什么样的特性具有相关性。还有另外一些情况，具有品种特性的产品可能已经面世了，但并没有得到充分的利用。影响营销的一个重要的原因是产品的特性，特别是标明原始产地更为重要（参见插文 66）。

插文 66
给区域性产品贴上合格的标签

"合格"一词主要用于描述产品生产过程、相关名称或标签（Tregear et al，2007）。合格标签能够起到为生产者赚取消费者——特别是当消费者在同产品中进行消费艰难选择时——足够眼球的信息信号。

合格与地理上原产地有着直接的联系。例如，很多欧洲国家农村地区生产具有强烈历史认同感的地区性食品。由于具有质量高或其生产过程吸引消费者的特性，人们很乐意为这些产品支付较高的价格。如此，具有一个能够显示地理原产地的标签成为了价值极高的销售手段。在欧盟内部，这种类型的标签都是通过法律进行监管的。理事会条例（欧盟）510/2006 号制订了有关保护农产品地理标识和产地标记，主要有两个标签方法：保护性原产地名称和保护性地理标识。

这些保护措施有助于改进当地动物品种生产的产品的利润率。例如，在法国的阿尔卑斯山北部阿邦当斯和塔朗泰斯牛生产的牛奶用于生产瑞布罗申奶酪和博福尔奶酪，在意大利的雷吉亚纳牛生产的牛奶用于生产帕马森奶酪（Gandini et al，2007）都有着很好的利润。

Van der Meulen（2007）先生研发了一种方法用来审评食品与原产地紧密相关程度的各种要素。分为下述四个要素：

1. "地域性"意指**"产品与原产地区域的物理连接性"**。供应链上所有的链条（如生产、加工、分发等）都要考虑在内，即如果原产地区域内都具有上述这些链条，那么，就应认为具有非常强的地域性。

2. "典型性"意指**"生产过程和最终产品具有特定区域特性"**。也可以用另外一种方法表示，"区分具有原产地特性或逻辑上与原产地相关联的生产过程和最终产品的物理特性"的典型性。

3. **"传统性"意指"(产品)的根基及原产地的历史"。** 传统性最具体的方面是时间的长度，即指产品从最初产生到目前的时间。其他方面包括与当地文化和历史的关联性。

4. **"集体性"意指"众多生产者（农民和加工人员）共享的经验和做法以及他们之间的协作"。** 这种关联性让人们更加充分地认为，产品即为文化的一部分。

上述的四个因素均对原产地的利基市场的产品的市场价值有着影响。标识系统（参见插文 67）有助于生产特殊产品的生产者从利基市场中愿意支付较高价格的消费群体获益。

插文 67
基于原产地销售产品

很多消费者在购买食品时很关注原产地的信息。一些产品被消费者青睐的原因就是产品的原产地。受到青睐具有多方面的原因，例如，将产品与地区名字相联系可能起到强调特性的作用。而且，这种联系常常与地区中已存在多年的自然美景或文化遗产等声誉相伴随。很多消费者喜爱购买这种产品出于支持当地的经济发展，减少由于运输带来的环境压力。Van der Meulen（2007）介绍了荷兰的情况，旺销原产地产品主要有以下几种类型：

源于农家的食品。 这些产品在农场的商店、礼品篮、包装盒和专业食品店中销售。

源于农家群体的食品。 这些产品由几个农场共同生产和销售，采用同样的标准，使用在当地注册的名称或标识作为该群团体的商标。

源于区域标识的食品。 几种产品使用同一个标识。原材料来自于本地区的几个农场，而产品则由独立生产商生产。

源于当地特有的食品。 这些产品具有较多的生产商。他们自己划定了该产品生产的地理界限，世代相传，具有自己独特的生产工艺。原材料并不一定来自于传统的生产区域。

源于手工制作的产品。 这些产品通常由小规模的个体食品商户生产。产品的名字通常是生产地或生产商。产品更强调加工技术，而不强调原材料的来源地。

源于买断生产的产品。 这些产品曾经是区域内特色食品，由于某个公司买断，或者由于其他生产商破产、兼并等原因由某家公司独立生产的产品。

源于农场的产品距离消费者的远近各有不同。加工的方式也从简单到复杂。这些差别引起了人们对产品标签的关注，因为这个标签能够保证食品的原产地以及生产和加工的方式。

在一些地区，特别是发达国家，育种人员或准备从事育种工作的人员认为，稀有品种具有非常高的价值。如果一个具有当地特性的品种面临着灭绝的危险时，当

地居民和外部的观光者都会热衷于饲养和保护这个品种，这样就会大大促进该品种的保护工作。但是，开发这个品种会面临一些挑战，比如，当这些品种只作为富有阶层休闲，而不是用于生计目的时，品种的选育环境就会产生变化。如果只用于比赛或展览展示之用，选育环境的变化就显得尤为重要。而具有传统意识的动物选育群体更注意保留住品种原有特性，不会很轻易地改变品种的特性。

增加产品价值还有一些其他的方法。例如，通过采用或改进与常见的生产方式有着明显差别、非常规范的生产方式来增加某个品种的产品价值。有机产品（参见插文68）就是实例。

插文 68
荷兰德伦特希斯羊价格翻番

荷兰德伦特希斯羊在6 000年前已经来到了荷兰的东北部。这个地区为沙质、瘠薄的荒地，但它们依然得以生存。通过环境适应和自然选育，德伦特希斯羊已经变成了一种体形较小、具有粗壮双腿和产肉率较低的羊品种。胴体重量和肉骨比与标准的肉羊品种相比是非常低的。这是荷兰羊中仅有的有犄角的羊。目前，这些羊主要起到自然管理作用，由牧人放牧，观光游客对这样的场景非常感兴趣。大约有2 000头母羊登记在德伦特希斯羊良种册中。近期，拥有三群羊的农场主们已经开始销售以德兰特海德拉姆品牌命名的有机羔羊肉产品了。羊肉产品的生产具有规范的市场链。虽然在市场上名声很小，但羊肉产品的价格却高出一倍。

生产链全程如下：第一，对畜群进行有机化管理，羊在有机环境中生长直至屠宰环节。这种管理模式符合Skal*的标准（荷兰有机生产官方认证和检验机构）。第二，与当地小型的屠宰厂签订合同，在屠宰时采用最人道的方法进行屠宰。第三，安排好胴体的运输，到专销有机羊排骨、羊腿和羊肠的肉食店进行销售。这些产品均由位于荷兰西部城市专营有机农产品的肉食店销售。第四，与德伦特希斯羊基金会一起拜访慢餐组织协会。由于特殊的自然管理以及绵羊和羔羊的营养成分，德伦特希斯羊具有特殊的"野味"。由于这些原因以及绵羊及其产品的文化历史价值，德伦特希斯羊被慢餐组织公认为"美味方舟"（已经列入面临灭绝的食品遗产的目录中）。第五，已经安排好种群间互相交流的计划，该计划已成为慢餐组织第25个小型项目**：德伦特希斯羊或用当地的语言称为德兰特海德拉姆项目。

---

* Http：//www. skal. nl/english/tabid/103/language/nl-nl/default. aspx
** 小型项目，是以支持开展美食的生产和销售，是慢餐组织视为对经济、环境、文化和社会目标产生有益影响的项目。

目标

通过地理和文化纽带提升目前利基产品的价值。

资料来源

- 对动物品种特色产品的生产加工和作用的了解和知识。
- 对目前销售系统以及对动物特性产品潜在价值的开发的认知。

成果

- 制订出提升动物产品价值的计划。

工作任务：制订提升动物产品价值的计划

步骤 1　评估产品及潜在的市场

撰写详细的有关动物产品及潜在市场的评估报告。评估工作应包括与动物品种相关联的历史及传统，是否具有该产品的商标。评估活动不应仅局限于目标动物品种本身，还应对形成市场竞争的其他动物品种进行评估。如存在产品竞争，必须要考虑每个产品相对优势和不足。在有些情况下，还应对相同动物品种中产生的不同产品（参见插文 69）进行评估。在这种情况下，较为恰当的策略是关注某个产品或将所有的产品采用同一种包装。

插文 69

智利的奇洛特羊为丰富市场提供了机遇

奇洛特羊是来自于伊比利亚羊的品种，是由西班牙殖民者带入智利的奇洛埃岛的羊品种。这种羊的特点是羊毛五彩缤纷、羊体型较小。有些羊有角，有些羊没有角。该品种具有潜在的、很高的奶用价值，与西班牙的卡斯特亚纳和楚拉羊品种的基因相近。这个品种的群体分布在奇洛埃岛的大小 26 个岛屿上。当地的女艺人使用彩色的羊毛生产工艺品，羊羔肉则是岛上著名的美食。奇洛特羊已经成为智利登记注册的品种，并在最近开展了系谱登记项目，已经对大约 25 家农场的 1 200 只羊进行了登记。目前，智利政府已经对这种羊的质朴性进行了专门的研究，特别是对当地恶劣的营养条件和环境条件的适应能力进行了专门的研究。

由 Ignacio Garcia Leon 和 Pascalle Renee Ziomi Smith 等提供。

每个产品都具有提升市场需求的自身特性和质量，在进行评估时要对这些质量和特性进行客观地评估。还应对供应产品的能力进行评估，以保证满足潜在市场的供应。

步骤 2　寻求改进产品及营销工作的机遇

应针对每个产品提出适合的有关提升质量、特性或进入市场的建议。比如，与饭店或特殊的食品店进行合作就可以进入更多的市场。通过强调动物品种的特性，如生态系统服务功能也可以为进入市场寻找到突破口。如果产品价值链的运作方式能够使妇女受益，那么就可以宣传其产品对男女平等可以起到促进作用。如果能够使用自定的标准也是个很好的选择，例如，建立动物饲喂标准（如强调草场放牧而不采用存储的饲料）可以改进产品的质量或产生独特的味道。建立畜牧业标准，使动物享有更好的福利会有利于产品的促销工作。

步骤 3　通过生产、商标注册或营销制订提升产品价值的计划

在制订计划时，应与具有生产和营销特殊经验的人们进行互动。这些人员最好是要特别欣赏具有本地特性的产品以及产品的加工工艺。很多利基市场的动物产品具有独特的历史，具有人文气息。宣传产品背后的"故事"能够使该产品有别于其他产品（参见插文 70）。如果用营销的术语来表示，这些产品的特征强调其"独特卖点"，这些卖点能够引导消费者在竞争激烈的产品中选择合适的消费产品。

插文 70

与传统生计相关的塞尔维亚羊产品的营销工作

卡拉卡羊和皮洛特羊是塞尔维亚和巴尔干地区羊品种，面临着灭绝。在 20 世纪 50 年代，成千上万只羊游牧于斯塔拉山脉西部的山坡上，但它们目前的数量，每个品种只有 200 只左右。对这些品种的保护实际上是在保卫着几百年形成的文化丰碑，也保卫着具有较好抵御恶劣条件、疫病的遗传资源。该羊体形好，且只需要较少的投入。该品种的羊毛具有超常的隔热特性，纤维坚固，与其他的羊毛相比有很大的差别。为利用这些优势，促进这个品种的生存，育种者协会"STADO"开发了一个加工羊毛并销售手工编织服装的项目（如袜子、上衣、羊毛衫、毛衣背心和斗篷等）。这些产品使用 100％ 的羊毛手工制作，颜色为自然（卡拉卡羊为黑褐色，皮洛特羊为白色）的羊毛色。通过营销项目，向潜在的消费者传递出信息，不仅要保护这些濒临灭绝的品种，同时，通过开展修剪、清洗、纺织和编织羊毛等一系列工作，保证着从事育种和保护这些羊群的人们的生计。

由 Sergej Ivanov 提供。

另外一个较为正式的方法是设计商标或使用特殊的标签以区分市场内其他的产品，并同时提供质量的保证。设计标签或商标是费时、花费较高的一项工作，且需要专业知识。如能与第三方合作（比如，专业性强的非政府组织，参见插文 71）为利益相关方开展这类工作，就能够节约一些费用并能提高效率。如果在市场中经常见到很多产品使用同一商标（至少在一定范围内使用同一标签，虽然有可能对产

品的特性宣传不够），消费者就会被这样的标签所吸引。由独立的第三方确认的标签和认证会增加消费者对消费该产品的信心。

插文 71

Heritaste® and Arca-Deli®——增加农业生物多样性附加值的两种方法

Heritaste®是一个由第三方核批的、受拯救基金会（SAVE Foundation）委托的自愿认证组织，该认证机构的工作对象是向有意愿通过贴附额外标签提升产品价值的农场和生产商提供服务。Heritaste®要保证产品产自于当地的动植物品种，这些品种已经成为当地文化的一部分，且是需要保护的动植物品种。认证的产品包括肉类、奶产品，甚至服装和地毯等。所提供的服务包括在保护区内放牧、观光旅游和疗养等。生产商要支付使用 Heritaste®标签专利费用，用于支付研发和认证活动的成本。

从最初的一个想法发展到可以使用的标签是个漫长和复杂的过程。不仅是因为设计、对标准和使用的条件达成一致意见需要时间，也是由于认证需要较大的费用，必须要对消费者、生产者和农民进行广泛的调研，而且，还必须要对所使用的术语和概念进行定义，不仅要让长期从事该项工作的人员对这些术语非常熟悉，还要让外行及最终的消费群体清楚和明白这些很难理解的、晦涩的术语。开展这项工作前曾与众多的利益相关方和公众进行了多次磋商，最后确定的标签反映了所有希望使用该标签的相关利益方的诉求。

The Arca-Deli®奖，是每年都（始于 2011 年）向适应当地环境的牲畜品种和农作物品种为原材料的产品和服务颁发的奖励。这个奖也是向值得推荐的、具有示范意义的产品和服务颁发的奖项。之后，Arca-Deli Award®标签就可以在产品或服务中使用，成为一种增加价值的方法。

Arca-Deli®向不能支付、也不需要认证的农场和生产者提供了另外一种方法，即颁发 Heritaste®证书。特别是对当地市场来说，这个证书是非常有价值的，能够起到鼓励其他农民和生产商改进他们的产品质量和服务的作用。这就意味着，当地畜牧品种或农作物品种生产的利基产品，至少在小范围内提高了竞争力，而且体现出经济上是可持续的。

如要获得更多信息，参见 http://www.save-foundation.net/english/market.htm。

由拯救基金会提供。

通过第三方设计标签的过程通常包括以下步骤：
- 对相关产品或服务已经得到确认并已记载在文件中，且相关信息已经提交给认证机构。

- 认证服务机构根据标签使用标准对产品或服务进行适用性检查。如果没有达到标准，应制订出达到标准的工作计划。
- 一旦达到了所有的标准，就应签订使用标签的协议。
- 利益相关方（如农场、育种协会、非政府组织等机构）与专家携手合作寻找产品或服务具有特性的卖点，要特别注重历史、文化和地理的渊源。品种所处的危险状况也可以成为独特的卖点。如果能让消费者们意识到一个品种面临着灭绝的危险，消费者们会给予积极的反映来采购这些产品。
- 产品促销活动通常在如农民市场、专营店等目标地点举行，可以采用宣传材料、通讯稿、组织农民面对面交流等方式，其重点是强调产品独特性。
- 拿出一部分产品销售利润用于支付使用标签的费用。

拯救基金会[28]，是国际性的非政府组织（也是从事欧洲保护农业生物多样性的联盟组织）。该组织已经制订了产品的标签使用和奖励办法，以鼓励对适应当地条件的动物品种和植物品种进行保护工作（参见插文71）。

---

[28] http：//www.save-foundation.net

发挥畜牧业作用为生态系统服务

理由

正如在第一章和第三章所讲到的，畜牧业对具有长期历史的传统牧区的风景保护起到了非常重要的作用。如果将动物从这些生态系统中迁移出去，就会导致具有丰富生物多样性的栖息地的损失。为更多了解放牧对生物多样性的影响，请参见Rook 等（2004）撰写的文章。草场放牧也可以用于其他保护环境景观的管理活动，比如，可以防止灌木丛或树木对农业生产用地的入侵。牛、绵羊、山羊以及马是常见的用于保护和管理土地景观和栖息地的物种，但是其他的物种，包括猪（参见插文72），也同样可以用于这样的目的。

插文 72
马其顿土猪在保护生物多样性中发挥作用

在波黑和前南斯拉夫马其顿共和国，传统的养猪业是非常重要的，除肉用外还用于其他目的。传统的生产系统包括散养放牧，人们欣赏这些生猪是因为经过这些猪的刨挖后，土地松软。每当生猪刨挖这些土地寻找食物时，将土地似乎都犁了一遍。这些猪在河水冲积平原的土地管理中起到了非常重要的作用，因为土地经洪水淹没退却后，土壤变得异常紧实。浅浅的翻地使土壤通气，有利于自然生物多样性。蹄子产生的刨痕有利于种子的发芽。生猪创造的小环境有利于昆虫的生长，与其他动物形成了食物链。

由 Elli Broxham 提供。

畜牧物种具有不同的牧食行为，即使同物种的品种也存在差异（Saether et al, 2006）。在选择物种或品种用于保护牧场时，应谨慎地选择那些能够产生放牧影响的物种或品种。所选择的动物应具有合适的生理特征（强壮的），因为它们要面对恶劣的条件。生态系统服务，如保护性放牧常常涉及大面积土地。这就意味着需要大量的动物，为保护食草动物品种提供了大量的机遇。

特定的生态系统经过多年的放牧，牲畜以及生态系统（如植物、野生动物和微生物）本身会同时进化，而且会互相依赖。如果生态系统中缺失了一个环节，如由于经济原因一个品种灭绝了，其他的组成部分就会受到损害，导致丰富的资源损失或下降（Gregory et al, 2010）。为保证牲畜能够持续地为生态系统提供独特的服务，从保护生物多样性上讲，向畜牧养殖者支付一定的费用是合理的。

虽然反刍动物产生大量导致气候变化的甲烷，但食草牲畜通过移除植物再促使植物生长，将空气中的碳变成土壤有机物质，从而也就帮助减少了碳的排放量（Leibig et al，2010）。假设适应当地条件的动物遗传资源比另外一些不适应当地条件的食草动物更适宜饲养的话，为减少碳的排放量支付一些费用更能赢得公众对原地保护的理解和支持。

目标

为适应当地条件的动物遗传资源用于自然管理制订出计划。

资料来源

• 需要适应当地条件并可用于自然管理的物种和品种。

成果

• 列出可用于自然管理目的的物种和品种的清单。

工作任务：为用于自然管理目的的物种和品种寻找机遇

步骤 1　走访相关利益方，并制订出自然环境管理中使用的物种和品种的策略

畜牧养殖户可能没有自己的土地开展自然环境管理工作。应与各类利益相关方进行磋商，以制订出可行的轮牧草场自然管理的计划。这些利益相关方可以包括土地所有者、当地政府负责自然保护工作的官员、个体的经营者或者是对保护自然景观和生物多样性的感兴趣的社团组织也可以参加此项工作。

步骤 2　对潜在的相关物种和品种的采食行为进行记录

收集有关用于当地生态系统自然管理目的的物种和品种的相关信息。特别要注意品种对当地环境的适应性以及特殊品种的采食行为。要特别关注的是已经开展了自然管理工作，但还没有得到补偿的畜牧养殖人员。插文 73 介绍了哥伦比亚克里奥罗牛的特殊作用，这种牛非常有效地起到了杂草控制作用。

插文 73

哥伦比亚使用克里奥罗牛控制杂草

在哥伦比亚，粗秆雀稗，通常被称为"maciega"（在其他国家则称为"talzequal"或"paja cabezona"），是一种在湿热地带生产旺盛的草。其营养价值很低，适口性差。成熟的草株很粗糙，呈纤维状。对牛来说，这种草非常粗糙，只是在生长初期牛才食用这种草。由于这些原因，粗秆雀稗通常被认为是杂草。而且，这种草的种子的生命力极强，具有较高的侵略性，采用通常的方法很难根绝掉。

　　但是，并不是所有的牛都不吃这种粗秆雀稗。当地的克里奥罗牛就很适应采食这种质量差的饲草，并在其整个生命周期中采食这种草。实际上，有文字记载的具有采食这种草特性的牛是贝拉斯克斯牛，这种牛实际上是哥伦比亚中部马格达莱那河谷培育的一种混血的克里奥罗牛品种。由于贝拉斯克斯牛具有消化粗秆雀稗草的能力，所以就不需要昂贵的、无任何效果的除草剂。节约了资金，也避免了损害当地植物以及微生物的生物多样性。

资料来源：Martinez Correal（2007）。

　　总之，对于放牧牲畜促进野生生物多样性并能够减少碳排放量等方面研究的还不够充分，特别是对使用不同牲畜品种所产生的各种各样的效益还缺乏深入的研究。这类的研究工作是政府在考虑支付给畜牧养殖人员为生态系统所做的工作或在建立减少碳排放量支持政策及制订对二氧化碳惩罚措施时是要优先考虑的问题。

步骤3　制订与动物特性相适合的保护措施

　　首先要确定什么样的物种或品种能够在当地生态的自然环境管理中发挥作用。应编制出自然管理计划，包括载畜量、草场生产的季节性以及当地野生植物和动物的生物周期等。

步骤4　撰写将牲畜纳入自然环境管理的行动计划

　　通过政府主导的保护项目，从自然环境管理中是可以获得一定的收入的。一些国家已经开展过类似的项目。在其他一些国家，则还需要创立这样的项目，通过在决策者之间游说，是可以建立一个适合、有效的生态效益补偿机制。

　　拥有土地所有权的农民可能会同意支付用于除草、草原重建的费用，或愿意以较低的价格开放牧场。牲畜在采食了特殊的植物后所生产的肉类和牛奶具有独特的风味。如果确实如此，其产品就会具有附加值，能够满足利基市场的需求。也可以根据某个品种对生态的特殊贡献制订有针对性的营销计划[29]。

　　应该强调的是，较大的种群规模不仅能够减少基因流失和灭绝的风险，也能够服务于土地面积较大的生态系统。例如，只有少数畜群是不能够满足如西班牙德埃萨（与伊比利亚生猪生产相关联），或者与欧洲夏季阿尔卑斯草场（与一些肉牛生产相关联）农业生态系统需要的。在制订实施品种保护的生态系统服务计划时，对这个问题需要认真的考虑。在磋商生态服务条款时，育种协会或者相关团体需要考虑他们饲养的牲畜在目前和将来能够提供何种生态服务，要考虑目前种群规模以及存活率和繁殖率。遗憾的是，有关畜群数量、牲畜以及它们的分布对保护环境价值的影响的信息很少，所以，需要到现场进行具体调研。同时，也欢迎对这个议题的研究结果提供信息。

㉙　参见实例：http://www.agap-ynysmon.co.uk/

发挥和利用畜牧业的社会和文化功能

理由

一些需要受到保护的品种虽然能够提供多种服务，但并不被人们所认识，人们只是从形式上估算它们的价值以及给社会带来的广泛的益处，而没有认识到这些物种和品种还能够提供具有特性的商业产品以及具有吸引力的农村特色或建立传统的农业景观。在很多社会中，动物具有文化或宗教功能。一些动物品种可以提供多项服务和功能（参见插文74）。虽然有些服务不是以商品的形式出现的，但对社会或者当地的经济产生着综合效益，为此赢得了当地政府支持或给予畜牧养殖户资金奖励，表彰其为社会和文化所作的贡献。这些贡献是很难量化和进行回报的。在大多数国家，这种对畜牧养殖户的奖励政策执行起来并不是很容易。

插文 74
印度尼西亚马都拉牛的文化价值

印度尼西亚的一个重要的遗传资源是马都拉牛品种（Barwegen，2004）。表型证据显示，马都拉牛很可能是一种三元杂交牛（准野牛属，居于瘤牛和家牛之间的牛）。马都拉母牛的头较小，而公牛的头则较大。与它们的腿相比，身躯较长，蹄子坚硬。体高一般在1.16~1.24米。据说，马都拉牛品种，与自己的体型相比，是世界上最好的役用牛品种之一。

这个品种主要分布于马都拉岛（该岛位于爪哇东北海岸，是一个人口稠密的小岛，面积4 497千米²）。马都拉牛非常适应这个小岛的气候。农民们用农作物秸秆、剩草和落叶饲喂这些牛。这里是热带气候，有时潮湿，有时干燥。马都拉牛为当地的马都拉人带来了经济和文化效益。在马都拉岛上举行的著名的传统的公牛比赛中，马都拉牛是主角。人们在文化上非常信奉马都拉牛。另外一项被称为"Sonok"传统活动中，一对母牛或一对青年母牛伴随着传统音乐相伴而行。由于这些文化活动吸引了很多当地人和旅游者，这个品种具有较高价值，且得到保护，也是这个品种能够持续存在的理由。

由 Phil Sponenberg 提供。

目标

将某个品种的社会和文化功能纳入到保护计划中。

资料来源

• 动物品种特性的资料。

• 重要的文化和社会功能的信息，如已经成为当地文化景观一部分或当地文化活动不可缺少的动物独特表型等信息。

• 重要的利益相关方的姓名。

成果

• 形成能够赢得政府或私营机构支持或奖励的建议书，或形成市场认同和利润回报的商业计划。

工作任务 1　认知品种的最重要的社会和文化功能

步骤 1　确定品种目前及将来潜在的社会和文化功能

通过表型特征研究，可以完全了解品种最为重要的特征。但不一定会了解到独特的社会和文化功能。应走访重要的利益相关方，以便更全面地了解这些功能和历史及其重要性。插文 75 描述了智利奇洛马的独特的文化社会功能。

插文 75
智利使用奇洛马开展的特别疗护项目

奇洛马是智利南部智鲁岛培育的品种。这个品种是在很多世纪前由伊比利亚半岛引入的。这个品种一直与智利大陆的种群相隔离，适应了海岛独特的湿热气候和湿地的生态系统。该品种的特征是蹄部强壮有力、体型不高、拥有精致的骨架结构。通过多年的选育，性情平和。这些特性使奇洛马具有特殊的价值，非常适合孩子们从事体育活动，也能够对残疾人起到特殊疗护作用。

由于政府长期的支持以及与私营部门长期的合作，奇洛马的管理和开发才能得以实现。通过这种合作，该品种马得到了保护，实现了其市场价值。已经制订出了今后如何进一步发挥这个品种作用的美好计划。目前，这个品种的种群数量依然很少，但是育种场人员希望向智利以外，如北美和欧洲地区的市场发展。这项工作需要以 PPP 模式，即公私共同参与模式，不仅仅建立育种协会从事性能记录和系谱记录，同时还能够开展遗传和繁殖的研究等工作。

由 Ignacio Garcia Leon 和 Pascalle Renee Ziomi Smith 提供。

步骤 2　以文献记载得益于畜牧业社会和文化功能的各类社会群体

相比较牲畜给畜牧养殖户带来的收入，牲畜为更多、更广泛的人群带来的是社会和文化的功能。当动物具有了某种宗教功能后，所有信仰这一宗教的人们都成为了受益者。如果这种功能具有文化特性，本地区的所有人都会从中受益。当这些品种吸引到旅游者关注时，当地饭店、餐馆和商店就会投入资金对这个品种进行保护。每当一个品种对农村的发展起到一定作用时，不仅本地区的人们得到了益处，周边地区的人们也会得到好处。

步骤3　对社会或文化功能进行估值

已经在第三章介绍过（参见插文10），实现动物遗传资源对社会有所贡献的方法是很多的。由于本章所谈到的动物遗传资源的功能不包括直接使用，所以很难估测出其价值。市场的价值也很难体现，这主要是由于效益涉及众多的利益相关方，而且每个利益相关方只能享受到很少的收益。除此之外，这些品种通常已经在人们还没有意识到的方面提供了多年的服务。所以，要确定这些服务的附加值是很不实际的，较为简单的是要估测出品种由于丧失这些功能和服务而造成的损失的价值。比如，意大利的 Valdostana 牛为节日期间使用的品种，能够吸引很多的旅游者（参见插文76）。如果这个品种消失了，就可以估测出对节日期间饭店客房入住率、餐馆生意及其他方面收入受到的影响的价值。

插文 76

意大利的 Valdostana 牛的文化价值

Valdostana 卡斯塔纳牛起源于意大利阿尔卑斯西北部奥斯塔河谷。Gandini 和 Villa 等（2003）曾展示过这个品种具有巨大的文化价值，作为当地文化的守护者，是 Valdostana 农村地区生活的重要组成部分。由于这个品种的牛夏季要在阿尔卑斯山的草原放牧，对当地的自然景观起到了很重要的保护作用。意大利果仁味羊奶干酪和当地传统美食都与这个品种有着紧密的联系。该品种还用于"皇后之战"，这是从早期的"魔法号角"演变而来的传统，这些牛参加各类比赛活动。虽然这个项目已经开发为夏季旅游项目，但并没有得到市场的认可。意大利全国对这种羊奶干酪有很大的需求，人们需要支付一定的费用来参加奥斯塔的"皇后之战"的决赛。但是，人们并没有认识到该品种对当地农村的自然景观所起到的文化作用。在夏季旅游者及当地居民中进行的经济调查结果显示，人们是愿意为该品种投入资金支持，以保护当地自然景观。问题的关键是如何开拓这个市场并吸引消费者的兴趣。

由 Gustavo Gandini 提供。

步骤4　采取最好的方法（公共或私营）**将社会和文化价值纳入品种保护工作中**

在步骤2中介绍了对利益相关方的分析方法，通过这个方法可以很清楚地了解到什么样的利益相关方从品种的保护工作得到了最大的效益。通过经济研究（步骤3）可以有助于对每种类型的利益相关方所获得的效益进行量化。通过这些信息，

可以确定出是从公共或私营渠道争取更多的帮助。最好是争取到公共资金渠道进行投入，以便使众多的利益相关方都能平均地享受到收益。潜在的资金来源包括社区或区域性政府，以及具有广泛群众基础的社团组织，例如，对社会和文化事业感兴趣的宗教组织、慈善机构等。

工作任务 2　提交书面建议以争取潜在的捐助方的支持

步骤 1　寻求潜在的捐助方并向这些捐助方当面阐述动物品种对社会的贡献价值

应对品种（及在生产系统中）的主要贡献和价值等形成一个简要的、目的性强的文字性建议书或概念性文件。要提出引人注意和令人信服的观点，并要对成功或潜在的风险作出实际的判断。要对资金的如何使用进行详细的说明，也要对投资所产生的效益进行预测。这个过程的主要目的是邀请相关人员准备详细的建议书并让参与撰写建议书的人员将他们的想法形成书面切实可行的、实实在在的工作计划。

步骤 2　准备并提交完整的建议报告

如果资助组织对所提交的申请书感兴趣，就会要求提交其完整的建议报告。完整的建议报告一般是比较详细的，而且需要较高层次的规划。要根据资助方的要求准备完整的建议报告，资助方会提出书面的格式要求，将所需要的信息列出个清单。但是，建议报告基本上应包括的内容如下：理由、现状综述、以前同类项目的概述、受益群体的描述、重要事件的工作计划和详细的支出预算等。

步骤 3　创新发挥动物的文化或社会功能方法

在考虑资助方时，不仅仅要考虑政府，特别是在可以选择具有公益性的利益相关方时更是如此。群众募资是一项新的、很有效的方法，尤其在项目启动之初，是筹集种子资金最为有效的方法。群众募资的成功取决于从情感方面感动并能吸引大批听众的宣传手段。在制订群众募资计划时，建议要积极争取专家的意见和建议。

参考文献

Barwegen, M. 2004. Browsing in livestock history: large ruminants and the environment in Java, 1850 – 2000. *In* P. Boomgaard & D. Henley, eds. *Smallholders and stockbreeders: histories of foodcrop and livestock farming in Southeast Asia*, 283 – 305. Leiden, the Netherlands, KITLV Press.

Gandini, G., Oldenbroek, K. 2007. Strategies for moving from conservation to utilization. *In* K. Oldenbroek, ed. *Utilization and conservation of farm animal genetic resources*, 29 – 54. Wageningen, the Netherlands, Wageningen Academic Publishers.

Gandini, G. C., Villa, E. 2003. Analysis of the cultural value of local livestock breeds: a methodology. *Journal of Animal Breeding and Genetics*, 120: 1 – 11.

Gregory, N. C., Sensenig, R. L., Wilcove, D. S. 2010. Effects of controlled fire and livestock grazing on bird communities in East African savannas. *Conservation Biology*, 24: 1606 – 1616.

Hoffmann, I. 2010. Climate change and the characterization, breeding and conservation of animal genetic resources. *Animal Genetics*, 41 (Suppl. 1): 32 – 26.

Kosgey, I. S., van Arendonk, J. A. M., Baker, R. L. 2004. Economic values for traits in breeding objectives for sheep in the tropics: impact of tangible and intangible benefits. *Livestock Production Science*, 88: 143 – 160.

Liebig, M. A., Gross, J. R., Kronberg, S. L., et al. 2010. Grazing management contributions to net global warming potential: a long-term evaluation in the Northern Great Plains. *Journal of Environmental Quality*, 39: 799 – 809.

LPP, LIFE Network. 2010. Biocultural community protocols for livestock keepers. Sadri, India, Lokhit Pashu-Palak Sansthan (available at http://www.pastoralpeoples.org/docs/BCP_for_ivestock_keepers_web.pdf).

LPP, LIFE Network, IUCN-WISP, et al. 2010. Adding value to livestock diversity-Marketing to promote local breeds and improve livelihoods. FAO Animal Production and Health Paper No. 168. Rome (available at http://www.fao.org/docrep/012/i1283e/i1283e00.pdf).

Martinez Correal, G. 2007. Jalemosle al criollo (VI). *Carta Fedegan*, 103: 90 – 91.

Natural Justice. 2009. Biocultural community protocols: A community approach to ensuring the integrity of environmental law and policy. UN Environment Programme and Natural Justice (available at http://www.unep.org/communityprotocols/PDF/communityprotocols.pdf).

Oldenbroek, K. 2007. (editor). Utilization and conservation of farm animal genetic resources. Wageningen, the Netherlands, Wageningen Academic Publishers.

Perezgrovas, R. 1999. Ethnoveterinary studies among Tzotzil shepherdesses as the basis of a genetic improvement programme for Chiapas sheep. *Ethnoveterinary medicine: alternatives for livestock development. Proceedings of an international conference held in Pune, India, 4 – 6 November 1997*, I: 32 – 35.

Ramsay, K., Smuts, M., Els, H. C. 2000. Adding value to South African landrace breeds conservation through utilization. *Animal Genetic Resources Information*, 27: 9 – 15.

Rook, A. J., Dumont, B., Isselstein, J., et al. 2004. Matching type of livestock to desired biodiversity outcomes in pastures: a review. *Biological Conservation*, 119: 137 - 150.

Saether, N., Boe, K., Vangen, O. 2006. Differences in grazing behavior between a high and a moderate yielding Norwegian dairy cattle breed grazing semi-natural mountain grasslands. *Acta Agriculturae Scandinavica*, 56: 91 - 98.

Tregear, A., Arfini, F., Belletti, G., et al. 2007. Regional foods and rural development: The role of product qualification. *Journal of Rural Studies*, 23: 12 - 22.

Van der Meulen, H. S. 2007. A normative definition method for origin food products. *Anthropology of Food*, S2 (available at http://aof. revues. org/index406. html).

附 录

各章节、任务和步骤概览

第一章 动物遗传资源作用及保护方法

物种、品种及其功能

工作任务 1：确定国家或区域的动物品种

步骤 1 确立"品种"定义，对需要进行保护单元达成共识

步骤 2 起草特定动物品种的归类或排除的协议条款

步骤 3 建立品种基础清单

工作任务 2：阐述品种及其性能

步骤 1 研究相关文件

步骤 2 咨询国家动物遗传资源委员会及其他利益相关方

步骤 3 对品种及其性能进行资料总结

畜牧行业发展动态描述

工作任务：阐述畜牧业发展的动态

步骤 1 阐述各种不同的品种和物种的作用

步骤 2 阐述畜牧业发展的动力以及目前和今后变化的主要因素

步骤 3 阐述动物遗传资源使用的趋势

评估动物遗传资源现状及趋势

工作任务：对过去、现在及将来的种群数量进行预测

步骤 1 搜集过去和现在的种群信息并就发展趋势进行分析

步骤 2 预测将来动物群体规模

步骤 3 如果还没有品种种群资料，需要设想可能影响多样性的总趋势

确定动物遗传资源流失的原因

工作任务：评估遗传多样性的威胁

步骤 1 对导致畜牧业变化的原因进行分析

步骤 2 评估灾害及疫病暴发的概率

步骤 3 总结危险因素并考虑预防性的措施

确定保护目标

工作任务：确定保护目标

步骤 1 考虑潜在的保护项目目标

步骤 2 对保护目标进行总结

审评每个品种的状况并制订管理策略

工作任务：评估品种今后使用和保护的可能策略

步骤 1 对品种和利益相关方进行 SWOT 分析

步骤 2　根据优势、劣势、机遇和风险确定优选目标

步骤 3　制订保护和使用的备选战略并评估其可行性

比对保护性战略

　　工作任务：评估潜在的保护措施

　　步骤 1　对实施各种各样的保护措施的可行性进行评价

　　步骤 2　确定物种最适合的保护方法

　　步骤 3　确定实施保护办法的先决条件

第二章　辨识处于危险中的品种

辨识危险程度

　　工作任务 1：确定群体规模、趋势、分布和杂交活动

　　步骤 1　审阅已有的种群资料

　　步骤 2　就确定危险程度进行工作分工

　　步骤 3　收集每个品种群体的有关信息

　　步骤 4　分析和解释资料

　　工作任务 2：确定适于保护项目的品种

　　步骤 1　对品种的威胁程度进行分类

　　步骤 2　对危险程度进行精确分类

　　步骤 3　解读危险分类结果和对每个品种的影响

　　步骤 4　向利益相关方宣传品种危险程度

　　工作任务 3：设计并实施干预办法

　　步骤 1　确定合适的保护措施

　　步骤 2　实施保护措施

　　工作任务 4：对危险状况进行监测

第三章　确认品种的保护价值

重视危险状况也要重视其他因素

　　工作任务 1：根据非种群数量因素确定优先保护的品种

　　步骤 1　确定品种保护优先排序的负责人员

　　步骤 2　确定优先排序的因素

　　步骤 3　收集优先排序所需要的信息

　　步骤 4　评价每个品种的优势及劣势条件

　　步骤 5　对保护的品种进行优先排序

　　工作任务 2：向利益相关方传播信息

　　步骤 1　撰写品种优先排序的报告

　　步骤 2　向利益相关方当面陈述优先排序的结果

使用遗传标记信息

　　工作任务 1：收集使用目标排序法的资料

步骤 1　确定加入协会成员条件

步骤 2　建立登记议定书

步骤 3　制订章程

步骤 4　确定会员会费及入会费

步骤 5　为教育和培训项目建立联系方式

步骤 6　制订并采用冲突解决程序

审计育种协会及工作

工作任务 1：评估参与和决策程序

步骤 1　评估会员参与工作的机制

步骤 2　评价决策程序

步骤 3　审评惠顾会员的条款

步骤 4　评估发展新会员的程序

工作任务 2：对协会管理的种群进行遗传纯度鉴定

步骤 1　评估纯繁水平以防止随意性的基因渗入

步骤 2　检查亲本信息的准确性

工作任务 3：对作为遗传资源的品种管理工作进行评估

步骤 1　分析协会管理的种群结构

步骤 2　评估育种和保护计划

建立集中式的异地保护项目

工作任务 1：制订保护计划并获得设施和资金的支持

步骤 1　评估现有的公益育种场

步骤 2　确定项目保护的目标品种

步骤 3　开展可行性调研

步骤 4　争取可能的资助方

步骤 5　撰写保护计划并向政府官员和资助方提交保护计划

工作任务 2：建立并实施项目

步骤 1　在公益农场建立畜群

步骤 2　制订公益畜群的育种和饲养策略

步骤 3　在项目中建立基因库贮存动物种质

步骤 4　使用公畜开展生产活动

建立分散式的异地保护项目

工作任务 1：建立受到保护的种群

步骤 1　确定基础群的规模以及选育标准

步骤 2　从合作伙伴的畜群中筛选出基础牲畜

工作任务 2：受到保护的种群的管理

步骤 1　管理基础群的配种，生产新的公畜

步骤 2　管理公畜的选择及分发

步骤 3　设计育种和本交策略

第六章　设计保护项目

保护小种群的遗传变异性

　　工作任务 1：采取保护品种遗传多样性的育种策略

　　　步骤 1　最初时要尽量纳入较多的牲畜，以减少遗传漂变

　　　步骤 2　增加种公畜的数量

　　　步骤 3　延长世代间隔

　　　步骤 4　对每个个体的贡献进行平衡

　　　步骤 5　在繁殖率低的物种中考虑使用胚胎移植方法

　　工作任务 2：采用降低近亲的配种策略

　　　步骤 1　对动物间血缘程度实施限制

　　　步骤 2　为整个群体建立理想的配种方案

　　　步骤 3　采用不需要系谱信息的简单方法

　　工作任务 3：将低温冷冻纳入遗传变异管理中

　　　步骤 1　在保护项目之初就存储动物遗传材料

　　　步骤 2　以持续使用低温保存的种质材料管理遗传多样性

第七章　建立保护和可持续使用的育种项目

选择育种策略

　　工作任务 1：实施为生产目的而开展的纯种繁育项目

　　　步骤 1　对品种内的选育历史进行分析

　　　步骤 2　就需要改进的生产性能及特性进行决策

　　　步骤 3　实施鉴定、注册和性能记录

　　　步骤 4　实施性状记录并根据生产环境进行选育

　　　步骤 5　确定能提高生产性能的选育及育种策略

优化小种群的选择反应和遗传变异

　　工作任务 1：为保护品种采取综合性的育种策略

　　　步骤 1　确定保护品种需要改良的性状

　　　步骤 2　确定在保护种群中可接受的近交率

　　工作任务 2：设计育种项目

　　　步骤 1　评估实施育种计划的环境

　　　步骤 2　考虑遗传改良和保护遗传变异性之间的平衡方法

　　　步骤 3　实施并监测育种项目

为提高生产性能开展杂交繁育

　　工作任务 1：制订保护动物遗传资源的杂交育种体系

　　　步骤 1　制订杂交育种体系的目标大纲

　　　步骤 2　评估目标品种的状况

　　　步骤 3　对杂交体系中包括其他品种的可能性进行评估

　　　步骤 4　列出与生产体系相关的杂交育种体系

　　　步骤 5　描述不同品种对杂交体系的贡献

　　　步骤 6　选择最佳的杂交体系

　　　步骤 7　向更多的利益相关方解释方案，以获得最终通过

　　工作任务 2：实施并监督杂交育种方案的执行

　　　步骤 1　杂交育种项目开始前的准备工作

　　　步骤 2　建立财务和组织机构

　　　步骤 3　实施杂交育种项目

　　　步骤 4　组织提供杂交育种服务

　　　步骤 5　提高杂交育种服务并增加吸引力

　　　步骤 6　评估杂交育种项目取得的效益和可持续性

第八章　提高保护品种的价值及可持续性

筛选出受到保护的品种可持续利用的方法

　　工作任务：为促进可持续利用制订措施

　　　步骤 1　确定机遇和挑战

　　　步骤 2　列出品种特性清单并为它们寻求发展的机遇

　　　步骤 3　确定可实现的机遇并制订其使用和开发计划

准备一份关于生物文化社区协议

　　工作任务 1：与利益相关方讨论《生物文化社区协议》初稿

　　　步骤 1　建立本地社区与协助小组之间的工作关系

　　　步骤 2　举行一系列研讨会以收集信息并讨论可选方案

　　　步骤 3　收集翔实、最好是有关社区和资源管理的定量数据

　　　步骤 4　对社区农户提供相关适宜的培训

　　工作任务 2：准备《生物文化社区协议》

　　　步骤 1　起草《生物文化社区协议》大纲

　　　步骤 2　以决策者喜爱的语言和规范的格式准备《生物文化社区协议》

　　工作任务 3：充分考虑在准备《生物文化社区协议》过程中可能出现的问题

　　　步骤 1　协助而不是强行推动制订《生物文化社区协议》

　　　步骤 2　警惕生物剽窃

　　工作任务 4：传播《生物文化社区协议》

　　　步骤 1　向决策者介绍《生物文化社区协议》

　　　步骤 2　向公众宣传《生物文化群落协议》的内容

实施"榜样育种者"项目

　　工作任务 1：准备"榜样育种者"知识名录

　　　步骤 1　筛选并确定"榜样育种者"

　　　步骤 2　采访"榜样育种者"并探讨他们的技术以及成功的经验

　　　步骤 3　对"榜样育种者"直观的管理技术进行确认并记录

步骤 4　对"榜样育种者"的直观选育标准进行记录

工作任务 2：宣传"榜样育种者"的知识并鼓励应用

步骤 1　尽可能在最广的范围内传播"榜样育种者"的信息

步骤 2　奖励或以其他方式认可"榜样育种者"的贡献

投资于利基市场生产

工作任务 1：确认潜在的利基产品及服务

步骤 1　以表格形式列出能够生产利基产品的动物品种特性

步骤 2　为具有自身品种特性的产品寻找市场

步骤 3　组织研讨会制订创新性的营销方案

步骤 4　对潜在的利基产品和服务按优先顺序排列

工作任务 2：计划并实施利基产品的市场营销活动

步骤 1　起草商业计划

步骤 2　对商业计划和潜在市场进行认真的分析

步骤 3　生产少量产品，先进行试验性营销

步骤 4　通过市场需求评估销售并增加生产量

依靠产地或文化意蕴提升价值

工作任务：制订提升动物产品价值的计划

步骤 1　评估产品及潜在的市场

步骤 2　寻求改进产品及营销工作的机遇

步骤 3　通过生产、商标注册或营销制订提升产品价值的计划

发挥畜牧业作用为生态系统服务

工作任务：为用于自然管理目的的物种和品种寻找机遇

步骤 1　走访相关利益方，并制订出在自然环境管理中使用的物种和品种
的策略

步骤 2　对潜在的相关物种和品种的采食行为进行记录

步骤 3　制订与动物特性相适合的保护措施

步骤 4　撰写将牲畜纳入自然环境管理的行动计划

发挥和利用畜牧业的社会和文化功能

工作任务 1：认知品种的最重要的社会和文化功能

步骤 1　确定品种目前及将来潜在的社会和文化功能

步骤 2　以文献记载得益于畜牧业社会和文化功能的各类社会群体

步骤 3　对社会或文化功能进行估值

步骤 4　采取最好的方法（公共或私营）将社会和文化价值纳入品种保护
工作中

工作任务 2：提交书面建议以争取潜在的捐助方的支持

步骤 1　寻求潜在的捐助方并向这些捐助方当面阐述动物品种对社会的贡
献价值

步骤 2　准备并提交完整的建议报告

步骤3   创新发挥动物的文化或社会功能方法

　　《联合国粮农组织动物生产与卫生指南》在联合国联农组织授权的经销商有售或可直接从联合国联农组织销售与市场小组购买，具体地址为意大利罗马 Viale delle Terme di Caracalla，00153。

联合国粮农组织动物生产与健康指南

1. 为采蝇地区制订综合病虫害管理而收集的昆虫学的资料，2009（E）

2. 制订动物遗传资源国家战略及行动计划，2009（E，F，S，R，C）

3. 制订动物遗传资源可持续利用管理的育种策略，2010（E，F，S，R，Ar）

4. 动物疫病风险管理的价值链方法——现场使用技术基础和实践，2011（E）

5. 制订畜牧业的指南，2011（E）

6. 制订动物遗传资源管理的机制框架，2011（E，F，S）

7. 调研和监测动物遗传资源，2011（E，F，S）

8. 良好奶牛场的指南，2011（E，F，S，R，Ar，Pt）

9. 动物遗传资源分子遗传特性，2011（E）

10. 设计和实施畜牧业链条的研究，2012（E）

11. 动物遗传资源的表型特征，2012（E）

12. 动物遗传资源的低温冷冻保护，2012（E）

13. 控制和消除高致病性禽流感及其他跨境动物疫病的管理手册——制订必要政策、机制及法律框架的指南，2013（E）

14. 动物遗传资源的活体保护，2013（E）

截至 2013 年 6 月。

Ar —阿拉伯语	Multi—	多语言
C —汉语	*	已绝版
E —英语	**	筹备中
F —法语	e	电子发行
Pt —葡萄牙语		
R —俄语		
S —西班牙语		

图书在版编目（CIP）数据

动物遗传资源的活体保护 / 联合国粮食与农业组织编.
—北京：中国农业出版社，2017.1
ISBN 978-7-109-21513-9

Ⅰ.①动… Ⅱ.①联… Ⅲ.①动物－遗传性－资源保
护 Ⅳ.①Q953

中国版本图书馆 CIP 数据核字（2016）第 052799 号

中国农业出版社出版
（北京市朝阳区麦子店街 18 号楼）
（邮政编码 100125）
责任编辑 张艳晶

北京印刷一厂印刷 新华书店北京发行所发行
2017 年 1 月第 1 版 2017 年 1 月北京第 1 次印刷

开本：787mm×1092mm 1/16 印张：14.75
字数：288 千字
定价：75.00 元
（凡本版图书出现印刷、装订错误，请向出版社发行部调换）